水土保持工程造价电算编制

黄自瑾　黄　元　马　斌　编

黄河水利出版社

内 容 提 要

本书共分5章。第一章简述了编制工程造价的基本方法和Excel编制工程造价的功能,第二章简介了《水土保持工程概算定额》和《施工机械台时费定额》,第三章和第四章介绍了用Excel编制开发建设项目水土保持工程概算和水土保持生态建设工程概算的方法,第五章简单介绍了投资估算、施工图预算和施工预算的编制。

本书可作为水土保持工程编制概预算人员的参考书和上岗培训的教材,也可作为大专院校水土保持工程专业和水利工程类专业师生的参考书。

图书在版编目(CIP)数据

水土保持工程造价电算编制/黄自瑾,黄元,马斌编.
郑州:黄河水利出版社,2004.8
ISBN 7-80621-805-X

Ⅰ.水… Ⅱ.①黄…②黄…③马… Ⅲ.计算机应用-水土保持-水利工程-工程造价-概算编制
Ⅳ.S157-39

中国版本图书馆CIP数据核字(2004)第073742号

出 版 社:黄河水利出版社
地址:河南省郑州市金水路11号　　邮政编码:450003
发行单位:黄河水利出版社
发行部电话及传真:0371-6022620
E-mail:yrcp@public.zz.ha.cn
承印单位:黄河水利委员会印刷厂
开本:850 mm×1 168 mm　1/32
印张:3.25
字数:80千字　　印数:1—3 100
版次:2004年8月第1版　　印次:2004年8月第1次印刷

书号:ISBN 7-80621-805-X/S·60　　定价:10.00元

前　言

编制工程造价数据多,计算工作量大,而且烦琐。若利用电子计算机,编制人员只需设计好计算过程、输入计算式,具体计算则由计算机完成。这种计算不仅快捷,而且计算结果准确。

2003年1月25日水利部颁布了《水土保持工程概(估)算编制规定》和《水土保持工程概算定额》。作者依照上述规定和定额,应用Excel软件编写了此书,愿能为水土保持工程、水利工程概算编制人员提供一本有益的参考书。本书可作为从事概预算工作人员的上岗培训教材,也可作为大专院校水土保持专业、水利工程专业师生的参考书。

本书由黄自瑾主编,黄元、马斌参编,计算机上演算由黄元完成。全书由马斌校正。

限于作者水平,书中难免有不妥或错误之处,请读者批评指正。

编　者

2004年6月

目　　录

绪　言

工程建设必须遵循基本建设程序，进行勘察规划、可行性研究、初步设计、施工图设计、施工和竣工验收等。

基建程序中的各阶段都必须编制工程造价。可行性研究报告阶段要编制投资估算（简称估算，这是投资的最高限额）。初步设计阶段要编制设计概算，当需要作技术设计时，还须编制修正概算。施工图阶段要编制施工图预算。在工程招标、投标之际，建设单位要作标底，投标单位要作报价。标底和报价与施工图预算相当。施工阶段施工单位要编制施工预算。竣工后建设单位要作竣工决算。

编制工程造价是一项很烦琐的工作，数据多，计算量大，且要求计算快、数据准确。用电算编制工程造价能提高其编制效率和质量。

微软公司开发的 Excel 软件，具有计算、绘图等多种功能。用 Excel 的工作表编制工程造价，操作简单、快捷、方便。

Excel 概、预算软件的形式是工作表，完全适合于编制工程造价的表格形式，每一个工作表是软件的一个子程序，各工作表有严格的先后顺序和逻辑关系。计算过程可以方便地调用前面工作表内的数据。如果改变一个工作表中的某一个数据，利用该数据算出其他工作表中的数据将自动计算改动。计算过程中需要查阅、修改某个工作表时，只要选择了工作表名，该工作表就能自动显示出来。软件大量采用复制公式和求和（SUM）函数，使计算快速、准确。

水利部 2003 年颁布了《水土保持工程概（估）算编制规定》（本书简称《规定》）和《水土保持工程概算定额》（本书简称《概算定

额》)。本书主要说明按照《规定》用Excel编制水土保持工程概算的方法。这种方法也可用于编制投资估算、施工图预算、标底、报价、施工预算。

本书主要内容包括概、预算编制的基本原理和用Excel编制概、预算的基本方法,开发建设项目水土保持工程概算编制和水土保持生态建设工程概算编制,并简述了投资估算、施工图预算与施工预算的编制。

用Excel编制工程造价,编制人员要设计计算过程和输入计算式,计算过程由计算机完成。设计计算过程并不很难,但计算过程设计得好,就能提高计算效率。如何设计计算过程,通过学习本书有关内容就会有所领悟,但还必须通过上机实践。

学习用电算编制工程概、预算,必须把理论学习和上机操作结合起来。为此,书中适当的地方均列有练习题,以便读者随学随练,容易掌握。

熟能生巧,要熟就要多练。熟练达到一定程度,在技能上就会产生飞跃,领悟出新的运算技巧。

我国正在进行规模宏大的基本建设。在建设的同时,注重保护环境,再造秀美山川。水土保持工程必将有很大的发展,编制工程概、预算的工作量很大,应用电算势在必行。现在电子计算机应用已很普遍,为用电算编制工程造价提供了条件。愿从事水土保持工程的技术人员,概、预算编制人员,都能掌握好电算方法。

1　编制工程造价的基本方法与Excel简介

1.1　编制工程造价的基本方法

1.1.1　基本计算式

编制工程造价的基本计算式为：

单项工程造价 = ∑三级项目工程量×该工程的单价

现对上式解释如下。

1.1.1.1　三级项目

水土保持工程分开发建设项目水土保持工程和水土保持生态建设工程两大类。其项目多分为三级，个别分为二级。一级项目是按功能划分的大类。如拦渣工程、护坡工程、防洪工程、梯田工程、小型蓄排引水工程等。二级项目是一级项目内包含的单项工程，如拦渣工程中的拦渣坝、拦渣堤等，梯田工程中的人工修筑梯田、机械修筑梯田等。三级项目是二级项目包含的分部分项工程，如土方开挖、石方开挖、混凝土、钢筋等。

项目划分应与《规定》一致。

1.1.1.2　工程量

计算工程量的依据是设计图纸和说明书。设计工程量按工程设计几何尺寸计算。不构成实体的各种施工损耗、允许超挖及超填量、合理的施工附加量和体积变化等，在《概算定额》中均已按施工技术规范规定的合理消耗量计入定额。

计算工程量时，项目划分与计量单位应与《概算定额》一致，且应细读定额说明,以便正确套用定额。

1.1.1.3 工程单价

工程单价分 3 种:

(1)计算单价。即用概、预算定额分析计算出的单价。如工程、林草等措施的单价。

(2)预算单价。如人工预算单价、材料预算价格和苗木、草(籽)的预算价格等,是通过一定的算式计算出的单价。

(3)扩大费用指标。如房屋××元/m^2、公路××元/km 等。可调查当地有关资料求得。

1.1.1.4 算例

表 1-1 所示为某开发建设项目水土保持工程的概算(仅列出措施部分)。

表 1-1 水土保持工程概算(措施部分)表

编号	工程或费用名称	单位	数量	单价(元)	合计(元)
一	削坡开级	m^3	17 968	1.21	21 741.28
二	开挖防洪渠	m^3	697 856	5.09	3 552 087.04
三	黏土压盖固沙	m^3	387 988	1.58	613 021.04
四	水平犁沟整地	hm^2	141.85	209.08	29 658
五	条播沙打旺	hm^2	126.38	572.89	72 401.84
六	栽植油松苗	株	16 675	0.28	4 669
七	沙打旺草籽	kg	6 319	11.98	75 701.62
八	油松树苗	株	16 775	0.26	4 361.50
合计					4 373 641.32

表 1-1 中,工程或费用名称栏列出的是三级项目,数量栏所列是按照设计图纸计算的工程及植物措施的数量,单价栏所列的工程措施单价便是计算单价,草籽与树苗的单价便是预算单价(价格)。

合计栏所列的数值是按“∑三级项目工程量×该工程的单价”计算出来的。

1.1.2 工程造价编制程序

开发建设项目水土保持工程包括工程措施、植物措施、施工临时工程和独立费用4个部分。

水土保持生态建设工程包括工程措施、林草措施、封育治理措施和独立费用4个部分。

各部分中包括一、二、三级项目(有的部分只分两级)。编制造价最基本的工作是编制三级项目的造价。然后汇总成分部工程造价(即4个部分的造价),再汇总成总造价。

编制工程造价,首先要分部分项,即划分列出三级项目,计算其工程量和单价,而计算工程单价须先计算人工预算单价,材料预算价格,电、水、风单价和施工机械台时费等基础价格。因此,编制工程造价要按一定的程序进行。图1-1为水土保持工程概算编制程序简图。

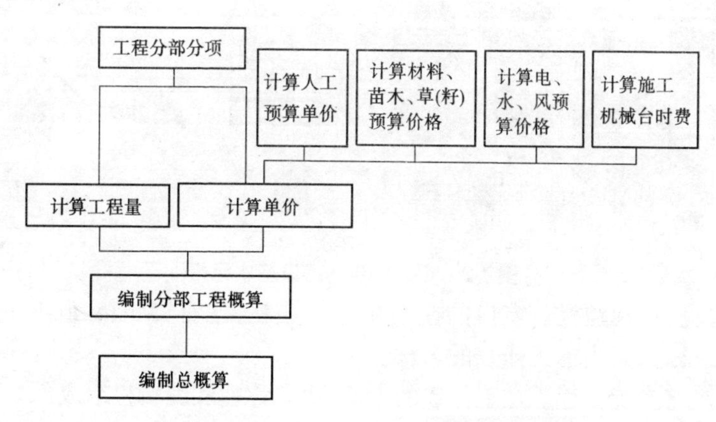

图1-1 水土保持工程概算编制程序简图

1.2　Excel 编制工程造价的功能

1.2.1　Excel 简介

Excel 是微软公司开发的在 Windows 操作系统中的一种应用软件，具有计算、绘图等多种功能，利用它的电子表格能顺利编制工程造价。

1.2.1.1　Excel 2000 窗口基本元素

Excel 2000 窗口的基本元素见图 1-2，由 A、B、C、…列和 1、2、3、…行构成若干单元格组成工作表。窗口的基本元素有：

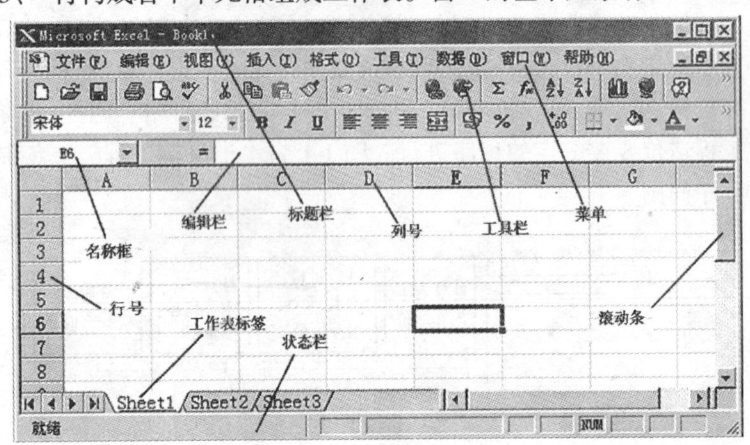

图 1-2　Excel 2000 窗口基本元素

(1)标题栏。窗口的左上角是标题栏，注有“Microsoft Excel-Book1”，是当前工作表的名称。

(2)编辑栏。在工作表的上部，由名称框和编辑栏组成。当选择单元格时，名称框即显示出该单元格的名称。在单元格输入计算公式(或数据)时，编辑栏同时显示出计算公式(或数据)。

(3)菜单。位于标题栏下,包含“文件”、“编辑”、“视图”、“插入”、“格式”、“工具”、“数据”、“窗口”和“帮助”等多种选项。只要单击所需选项,在下拉菜单中单击相应的命令即可。

(4)工具栏。位于菜单下方,它由表面为图相的一些按钮组成。使用命令按钮比菜单方便、快捷、直观,便于记忆。

(5)工作表。由单元格组成,每个单元格由列、行号构成,如A列1行的单元格为A1等。单元格是输入数据和显示计算结果的区域。

(6)工作表标签。位于窗口的下边。编制概(预)算的各个工作表名都必须依次输入到工作表标签中,以便将各表联系起来,互相调用其中数据。单击标签可以选择工作表,单击工作表左侧的箭头,可以使标签滚动选择工作表。

1.2.1.2 Excel 2000 的启动与退出

(1)启动。启动 Excel 2000 的步骤是:①打开计算机;②单击左下角的“开始”按钮,移动鼠标,使指针移动到“程序”项上,程序子菜单将出现 Microsoft Excel;③单击“Microsoft Excel”选项,Excel 2000开始启动。

(2)退出。当计算完成,要退出 Excel 2000 时,只要单击屏幕右上角的“×”按钮,或单击“文件”菜单中的“退出”即可。

1.2.1.3 术语

将要用到的术语简介如下:

(1)界面。即荧屏上显示出的图像、工作表等。

(2)当前界面或当前工作表。即面对荧屏显示的界面或工作表。

(3)单击。即将鼠标左键击一下。

(4)双击。即将鼠标左键连击两下。

(5)激活。也可称击活。要在一个单元格或区域输入文字、数据或计算式时,使鼠标指针指向该单元格或区域并单击,则该单元格或区域即被激活。

(6)下拉。即将鼠标指针指向某一单元格,按住鼠标左键向下拉,使其指向另一个单元格。

(7)库内数据与库外数据(文字)。凡在 Excel 工作表内的数据(文字)都属于库内,否则为库外数据(文字)。

(8)显数据与隐数据。计算式内用的数据在当前工作表内则是显数据;计算式内用的数据不在当前工作表内就是隐数据,在计算式内须用其绝对地址。

(9)确认。激活单元格,输入计算式后,按 Enter 键,即是确认(确定),单元格即显示出计算结果。

1.2.1.4 Excel 运算符号

(1)加"+"、减"-"、乘"*"、除"/"、括号"( )"、百分数"%"、等号"="。例如,C1 * D1 表示 C1 单元格内数值与 D1 单元格内数值相乘。输入计算式必须要输入=号,否则不能启动计算。

(2)SUM。它是 Excel 中设置的求和函数。用于连续单元格的数据求和,括号必须成对。如 SUM(C1:G1),表示 C1~G1 全部单元格区域内的数值求和。

SUM 函数既能用于列中连续单元格数值相加,也能用于行中连续单元格数值相加。

用 SUM 求和,各单元格必须连续。如 C1+D1+E1+G1(无 F1),不能写成 SUM(C1:G1),可写成 SUM(C1:E1)+G1。但如 F1 为 0,则仍可写成 SUM(C1:G1)。

1.2.1.5 单元格地址代号

在运算过程若要用单元格的数据,只需写出单元格地址代号即可。单元格地址代号有两种:

(1)相对地址代号。如 C1、D1。用同一工作表内的单元格数据时,用相对地址的代号。

(2)绝对地址代号。引用非同一工作表内的数据时,用绝对地址的代号。例如,引用工作表名! $C$1。

1.2.2 Excel 运算操作

1.2.2.1 **界面移动**

(1)上下移动:向后转动鼠标中间转轮,界面向上移动;向前转动,界面向下移动。

(2)左右移动:单击工作表右侧的箭头,可使界面向左移动;单击工作表左侧的箭头,可使界面向右移动。

1.2.2.2 **输入文字、数据、计算式**

(1)输入方法有两种:①键盘输入,简称输入。库外数据或文字要进入 Excel 工作表,须用键盘输入。要将数据或文字输入某个单元格,用鼠标指针指向该单元格,并单击鼠标左键,激活该单元格,用键盘打字输入数据或文字。②调入。库内数据(另一个工作表的数据)要输入当前工作表,就属调入。例如,若要将甲工作表中 C5 单元格的数据调入当前工作表乙的 D6 单元格,则应先激活 D6 单元格输入 = 号,再用鼠标指针指向当前工作表下边的工作表标签中的甲,则甲工作表立即显示在荧屏上,再用指针指向甲工作表上的 C5 单元格,单击,按 Enter 确认,则乙工作表自动返回,在 D6 单元格即显示出甲表中 C5 单元格的数据。

调入法就像用集装箱搬家,能确保调入数字准确。

(2)输入位置有两种:①在单元格输入。激活该单元格,在该单元格内用键盘输入文字、数据或计算式。这时,在名称框即显示该单元格名称,在编辑栏即显示文字、数据或计算式。②在编辑栏输入。单击要输入文字、数据或计算式的单元格,即激活单元格,在编辑栏输入文字、数据或计算式,则该单元格即显示出文字、数据或计算式。

【练习题 1-1】 表 1-2 的单价表已进入 Excel 工作表,将其中单价调入表 1-3 工作表中,用键盘输入数量(见表 1-1)。

表 1-2　单价表

D9	= 0.26			
	A	B	C	D
1	编号	工程或费用名称	单位	单价(元)
2	1	削坡开级	m^3	1.21
3	2	开挖排洪渠	m^3	5.09
4	3	黏土压盖固沙	m^3	1.58
5	4	水平犁沟整地	hm^2	209.08
6	5	条播沙打旺	hm^2	572.89
7	6	栽植油松树苗	株	0.28
8	7	沙打旺草籽	kg	11.98
9	8	油松树苗	株	0.26

单价表 / 概算表 / Shee1

表 1-3　水土保持工程概算(措施部分)表

F10	=					
	A	B	C	D	E	F
1	编号	工程或费用名称	单位	数量	单价(元)	合计(元)
2	1	削坡开级	m^3			
3	2	开挖排洪渠	m^3			
4	3	黏土压盖固沙	m^3			
5	4	水平犁沟整地	hm^2			
6	5	条播沙打旺	hm^2			
7	6	栽植油松树苗	株			
8	7	沙打旺草籽	kg			
9	8	油松树苗	株			
10	总计					

单价表 / 概算表 / Shee1

1.2.2.3　运算

Excel 运算分两种情况。

(1)显数据计算。将计算所需数据全部输入工作表,进行运算。当同列各行的计算式相同时,只须输入首列单元格的计算式,用下拉方法可求出同列其他行单元格的值。

现以表 1-3 为例,说明运算操作方法(在练习题 1-1 的基础上进行,即单价已调入)。①激活 F2 单元格,输入"=D2 * E2"。这时,名称框显示 F2,编辑栏显示"=D2 * E2",确认后,在 F2 单元格即显示出削坡开级的合计价。②选中 F2 单元格,用鼠标指针指向 F2 单元格右下角的小黑方块,当指针变为 + 号时,按住左键,向下拖动指针,即可得出 F 列其他项目的合计。③激活 F10 单元格,输入"=SUM(F2:F9)",确认后,即显示总计。

(2)隐数据计算。有些数据不进入当前的工作表,计算时调用其他工作表的数据。这时计算式中的单元格要写成绝对地址。

假设表 1-3 中,削坡开级无单价数据,则要调用表 1-2(单价表)中的单价,计算削坡开级的计算式须写成"=D2 * 单价表!$D$2"。

【练习题 1-2】 假设表 1-3 中无数量列数据,试求总计。

求表 1-3 的总计 F10 可用 SUM(F2:F9),也可用下述方法计算:激活 F10 单元格,用鼠标左键单击编辑栏 = 号,在名称框显示出 SUM,单击 SUM,出现 SUM 计算框,单击确定按钮,在 F10 单元格即显示出合计。

1.2.3 数据修改

当工作表中某个数据修改(变动)后,凡计算中用到这个数据的单元格的数据随之变化,用该数据计算的结果也自动调整过来,这是 Excel 一大优点。

【练习题 1-3】 将表 1-3 中的削坡开级的数量改为 100,检查表 1-3 的总计是否有变动。

2 定额简介

2.1 水土保持工程概算定额

2.1.1 《概算定额》的内容

《概算定额》的内容包括适用范围、工作内容、定额单位、定额编号和完成1个定额单位工程量所需的人工工时、材料用量、施工机械台时数。现举《概算定额》第一章土方工程中人工挖土、胶轮车运土的定额(见表2-1)如下。

使用定额表时,要注意适用范围和工作内容与工程实际相一致。土类级别的划分可参阅《概算定额》附录二－2与附录二－4,岩石分级见附录二－3。确定工程的土类级别后,再按土类级别查人工、材料、机械的定额数量。

表2-1给出了人工装胶轮车倒运20m的人工、材料、机械的定额数量(即倒运不超过20m)。当运输距离超过20m时,按01109号定额进行增算。例如,挖Ⅲ级土,实际运距为78m,(78－20)/20＝2.9,即增运了3挡。

人工(工时)＝204.1＋7.8×3＝227.5

胶轮架子车(台时)＝50.89＋7.1×3＝72.19

2.1.2 《概算定额》中的有关规定

(1)在表2-1中有零星材料费一项,其他定额表中有其他材料费、其他机械费,单位均为%。规定如下:①其他材料费。以主要材料费之和为计算基数。②其他机械费。以主要机械费之和为计算基数。③零星材料费。以人工费、机械费之和为计算基数。

表 2-1　人工挖土、胶轮车运土

适用范围:一般土方挖运。

工作内容:挖土、装车、运卸、空回。

单位:100m³ 自然方

项目	单位	人工装胶轮车倒运 20m			每增运 20m
		土类级别			
		Ⅰ～Ⅱ	Ⅲ	Ⅳ	Ⅰ～Ⅳ
人工	工时	126.9	204.1	283.0	7.8
零星材料费	%	3	3	3	
胶轮架子车	台时	45.68	50.89	54.02	7.1
定额编号		01106	01107	01108	01109

(2)定额中一种材料名称之后并列的几种材料,只能选用其中一种。

例如:导线　火线

　　　　　　电线

计算时只选一种(火线或电线)。

定额中并列的材料名称相同而规格不同的几种材料,应同时计价。

例如:火雷管

　　　电雷管

两种雷管均应计价。

(3)一种机械名称之后同时并列几种型号规格的,只计一种。

例如:自卸汽车　3.5t

　　　　　　　　5t

　　　　　　　　6.5t

　　　　　　　　8t

　　　　　　　　10t

计算时，只选一种汽车计算。

几种型号规格的一种机械并列的，应同时计价。

例如：拖拉机 59kW

拖拉机 44kW

应同时计价。

但挖掘机挖土定额中，三种规格的挖掘机并列，见表 2-2。计价时只选其中一种挖掘机，不能同时计价。

表 2-2 挖掘机挖土

适用范围：适用于正铲挖掘机挖自然方。

工作内容：挖松、堆放。

单位：100m³ 自然方

项目	单位	土类级别		
		Ⅰ～Ⅱ	Ⅲ	Ⅳ
人工	工时	4.8	4.8	5.6
零星材料费	%	23	23	23
挖掘机 0.5m³	台时	1.46	1.61	1.77
挖掘机 1.0m³	台时	0.89	0.99	1.07
挖掘机 2.0m³	台时	0.57	0.64	0.75
定额编号		01192	01193	01194

注：①反铲挖掘机挖土，机械定额乘以 1.24 系数。

②倒挖松料，机械定额乘以 0.8 系数。

(4)定额中( )内的数字，计价时不得重复计算。如第十章谷坊、水窖、蓄水池工程中十－3 浆砌石谷坊定额表中( )内的砂浆量，在计算概算单价时，只计算砂浆或只计算水泥、砂子、水，而不能重复计算。

(5)有上、下限的数字，相当于自大于下限至小于或等于上限的数字范围。例如，2 000～2 500，相当于自大于 2 000 至小于或等于 2 500 的数字范围。又如，坑石方开挖定额中有坑口面积

2.5～$5m^2$的子目，当实际坑口面积为 $2.5m^2$ 时，则应用坑口面积≤$2.5m^2$的子目；实际坑口面积大于 $2.5m^2$ 而小于 $5m^2$ 时，方可用坑口面积 2.5～$5m^2$ 的子目。

(6)当实际值介于两个子目之间时，可用内掩法求出定额用量。例如，组合泵冲填土方，排泥管线长度为 170m 时，应用定额 01080 与 01081 内掩法计算。又如，挖掘机和装载机装自卸汽车运输定额，给出了运距 0.5、1、1.5、2、3、4、5km 和每增运 1km 的子目，当实际运距小于 0.5km 时，可以直接按 0.5km 子目计算；当实际运距在两个子目之间时，可用内掩法；当实际运距大于 5km 时，定额值按下式计算：

定额值 = 5km 值 + (运距 − 5km) × 每增运 1km 值

运距大于 10km，超出《概算定额》范围，应另行计算。

(7)挖、装、运、卸的定额，给出挖、装、运、卸若干米和每增运若干米的定额。例如，定额一－15 给出挖装运卸 20m 和每增运 20m 的人工、胶轮车和零星材料费定额，即挖、装、运、卸在 0～20m 之间均用该定额，当挖、装、运、卸超过 20m，按每增运 20m 计算。

2.1.3 《概算定额》对计算工程量的规定

计算工程量的依据是设计图纸和设计说明书。设计工程量按工程设计的几何轮廓尺寸计算。不构成实体的各种施工操作损耗、允许超挖及超填量、合理的施工附加量和体积变化等，均按施工技术规范规定的合理消耗量计入定额。计算工程量时，项目划分、计量单位必须与定额一致，且应注意定额说明。

具体规定如下：

(1)沟、槽土方开挖，按施工技术规范必须增放的坡度所增加的开挖量，应计入设计工程量中。

(2)土方压实工程的备料量和运输量所需的自然方量，按下式计算：

$100m^3$ 压实方需要的自然方量 = 100 × (1 + A) × 设计干容重/天然干容重

式中 A——综合损失系数,包括运输、雨后清理、边坡削坡、接缝削坡、施工沉陷、取土坑、试验坑和不可避免的压坏等因素造成的损失。A 值见表 2-3。

表 2-3 综合损失系数表

填筑料	机械填筑混合坝坝体土料	机械填筑均质坝坝体土料	机械填筑心墙土料	人工填筑坝体土料	人工填筑心墙土料	坝体砂石料	坝体堆石料
A(%)	5.86	4.93	5.70	3.43	3.43	2.20	1.40

(3)石方开挖定额中已考虑保护层开挖等措施。

(4)喷浆(混凝土)以喷后的设计有效面积(体积)计算,回弹及施工损耗量已包括在定额中。

(5)混凝土按实体计算。凿毛、干缩、运输、拌制和接缝砂浆等的损耗量及超填和施工附加量已包括在定额内。

(6)钢筋制作安装定额已包括了钢筋的损耗及施工架立附加量。

(7)砂、石备料中的运输、堆存、加工等损耗和体积变化,定额已考虑,计算工程量时不再增加。

(8)基础处理工程中的钻灌浆孔定额中,已计入了灌浆后检查孔的量;灌浆定额中,已计入灌浆前的压水试验和灌浆后的补灌及封孔等工作,计算工程量时,不再增加。

(9)机械固沙工程中,场内运输及操作损耗不另计工程量。

2.1.4 《概算定额》的调整

定额指标一般不得调整,但有下列情况的须进行调整。

2.1.4.1 高海拔地区人、机定额调整

当水土保持工程加权平均海拔超过 2 000m 时,人工、机械消

耗量应乘以调整系数(见表 2-4)。

表 2-4　高海拔地区人工、机械定额调整系数

项目	海拔高度(m)					
	2 000～2 500	2 500～3 000	3 000～3 500	3 500～4 000	4 000～4 500	4 500～5 000
人工	1.10	1.15	1.20	1.25	1.30	1.35
机械	1.25	1.35	1.45	1.55	1.65	1.75

2.1.4.2　定额内数字的调整

(1)推土机推松土时,定额乘以 0.8 系数。

(2)挖掘机或装载机挖土汽车运输的定额是按Ⅲ级土制定的。当挖运Ⅰ、Ⅱ级土时乘以 0.91 系数;Ⅳ级土乘以 1.09 系数。

(3)挖掘机或装载机挖装松土时,人工及挖掘机械(不含运输机械)定额乘以 0.85 系数。

(4)岩石开挖遇到ⅩⅣ级以上岩石,按ⅩⅢ～ⅩⅣ级岩石定额,人工乘以 1.3 系数;材料乘以 1.1 系数;机械乘以 1.4 系数。

(5)机械挖装运松散状态下的砂砾料、汽车运输,其人工及挖掘机定额应乘以 0.85 系数。

(6)在有架子的平台上钻孔,平台至地面孔口高差超过 2.0m 时,钻机和人工定额乘以 1.05 系数。

(7)林草工程的整地定额、栽植定额是以Ⅰ～Ⅱ类土为计算标准。当实际为Ⅲ类土时,人工定额乘以 1.34 系数,Ⅳ类土人工定额乘以 1.76 系数。

(8)林草工程定额中浇水量是按年降水量 400～600mm 计算的,年降水量小于 400mm 的地区,调整系数为 1.25。年降水量大于 600mm 的地区,调整系数为 0.80。

2.2 施工机械台时费定额

《概算定额》附录一是《施工机械台时费定额》(以下简称《台时费定额》)。

《台时费定额》包括土石方机械、混凝土机械、运输机械、起重机械、砂石料加工机械、钻孔灌浆机械、动力机械和其他机械等八部分。

施工机械台时费包括(一)类费用和(二)类费用两部分。(一)类费用包括折旧费、修理及替换设备费(含大修理费、经常性修理费)和安装拆卸费三项。定额中已给出金额(2002 年度价格水平)。(二)类费用包括人工、动力燃料或消耗材料。定额中给出了工时数量和实物消耗量。示例见表 2-5。

表 2-5　施工机械台时费定额(示例)

项目		单位	单齿松土器	犁		液压喷播植草机	
				三铧	五铧	JDZ-1.6V	JDZ-2.6V
						1 600L	2 600L
(一)	折旧费	元	4.75	0.51	0.68	1.52	2.05
	修理及替换设备费	元	13.30	1.36	1.79	1.31	1.76
	安装拆卸费	元				0.06	0.08
	小计	元	18.05	1.87	2.47	2.89	3.89
(二)	人工	工时				2.4	2.4
	汽油	kg				4.6	5.1
	柴油	kg					
	电	kW·h					
	风	m^3					
	水	m^3					
	煤	kg					
备　注							
编　号			1114	1115	1116	1123	1124

在计算机械台时费时，只需计算(二)类费用。

【练习题 2-1】 人工挖Ⅲ级土，胶轮架子车运输，运距为 38m，求所需人工工时和胶轮架子车台时数。

【练习题 2-2】 工程地点平均海拔高度为 3 700m，计算练习题 2-1。

【练习题 2-3】 用 1.0m^3 反铲挖掘机挖Ⅲ级土，求 1 个定额单位(100m^3 自然方)所需挖掘机的台时数。

【练习题 2-4】 已知人工单价为 1.5 元/工时，汽油预算价格为 3 340.50 元/t，求 JDZ-1.6V 液压喷草机的台时费。

3　开发建设项目水土保持工程概算电算编制

3.1　编制依据及费用构成

3.1.1　编制依据

开发建设项目水土保持工程的概(估)算编制应依据下列文件:

(1)工程设计图纸和文件。设计概算应依据初步设计,投资估算应依据可行性研究报告。

(2)工程概(估)算编制规定。中央投资、中央补助、地方投资或其他投资的矿业开采、工矿企业建设、交通运输、水利工程建设、电力建设、荒地开垦、林木采伐及城镇建设中的水土保持工程均应按水利部颁发的《开发建设项目水土保持工程概(估)算编制规定》(2003 年 1 月 25 日)进行。

(3)《水土保持工程概算定额》(水利部 2003 年 1 月 25 日颁布)。

(4)国家、上级主管部门及省、自治区、直辖市颁发的有关规定。

(5)资金筹措方案。

(6)有关合同、协议及其他有关资料。

3.1.2　费用构成

开发建设项目水土保持工程费用由工程措施费、植物措施费、施工临时工程费、独立费用、预备费、建设期融资利息等构成。

工程措施、植物措施设一、二、三级项目。三级项目的费用由直接工程费、间接费、企业利润和税金构成。

一、二、三级项目的划分详见《规定》。

施工临时工程费包括临时防护工程费（施工期防止水土流失的各项临时防护措施费）和其他临时工程（施工期的临时仓库、生活用房、输电线路架设、施工道路等）费两部分。

独立费用包括建设管理费、工程建设监理费、科研勘测设计费、水土流失监测费和工程质量监督费。

预备费包括基本预备费（设计变更或意外情况增加的费用）和价差预备费（因物价调整增加的人工、材料、设备费）。

建设期融资利息是在工程建设期内需偿还并应计入工程总投资的融资利息。

3.2 基础单价计算

基础单价包括人工预算单价，材料预算价格，电、水、风预算价格，施工机械使用费（台时费），砂石料单价，混凝土单价和植物措施材料预算价格。

3.2.1 人工预算单价

包括基本工资、辅助工资和工资附加费三部分。工程措施与植物措施的人工预算单价计算标准不完全相同。下面介绍《规定》给出的工程措施的人工预算单价计算方法，植物措施与其不同的地方用（　）内注说明。

工程措施人工预算单价计算方法如下。

3.2.1.1 **基本工资**

基本工资（元/工日）＝基本工资标准（元/月）×地区工资系数×

12(月)÷年有效工作日数

《规定》年有效工作日数为241天。

3.2.1.2 **辅助工资**

(1)地区津贴(元/工日)=津贴标准(元/月)×12月÷年有效工作日数

(2)施工津贴(元/工日)=津贴标准(元/天)×365天×95%÷年有效工作日数

(3)夜餐津贴(元/工日)=(中班津贴标准+夜班津贴标准)÷2×20%(植物措施×10%)

(4)节日加班津贴(元/工日)=基本工资(元/工日)×3×10÷年有效工作日数×35%(植物措施×20%)

3.2.1.3 **工资附加费**

(1)职工福利基金(元/工日)=[基本工资(元/工日)+辅助工资(元/工日)]×费率标准(%)

(2)工会经费(元/工日)=[基本工资(元/工日)+辅助工资(元/工日)]×费率标准(%)

(3)养老保险金(元/工日)=[基本工资(元/工日)+辅助工资(元/工日)]×费率标准(%)

(4)医疗保险费(元/工日)=[基本工资(元/工日)+辅助工资(元/工日)]×费率标准(%)

(5)工伤保险费(元/工日)=[基本工资(元/工日)+辅助工资(元/工日)]×费率标准(%)

(6)职工失业保险基金(元/工日)=[基本工资(元/工日)+辅助工资(元/工日)]×费率标准(%)

(7)住房公积金(元/工日)=[基本工资(元/工日)+辅助工资(元/工日)]×费率标准(%)

3.2.1.4 **人工工日预算单价**

人工工日预算单价(元/工日)=基本工资+辅助工资+工资

附加费

3.2.1.5 人工工时预算单价

人工工时预算单价(元/工时)=人工工日预算单价(元/工日)÷8工时

以上计算式中的基本工资标准平均为190元/月(六类地区)。

地区工资系数见表3-1。

表3-1 地区工资系数表

工资区	七类	八类	九类	十类	十一类
系数	1.026 1	1.052 2	1.078 3	1.104 3	1.130 4

辅助工资标准见表3-2。

表3-2 辅助工资标准

序号	项目	标准
1	地区津贴	按各省、自治区、直辖市的规定计算
2	施工津贴	3.5元/工日
3	夜餐津贴	2.5元/夜(中)班

工资附加费标准见表3-3。

表3-3 工资附加费标准

序号	项目	费率标准(%)	
		工程措施	植物措施
1	职工福利基金	10	5
2	工会经费	1	0.5
3	养老保险费	15	7.5
4	医疗保险费	4	2
5	工伤保险费	1	0.5
6	职工失业保险基金	2	1
7	住房公积金	5	2.5

用Excel计算人工预算单价时，可先将《规定》的基本工资标准、地区工资系数、辅助工资标准和工资附加费的费率标准和当地的地区津贴标准输入Excel工作表，做成计算人工工资的基本数据表(见表3-4)，以备调用。

表3-4　计算人工工资的基本数据

D24　=　2.5%

	A	B	C	D	E	F	G
1	六类地区基本工资标准						
2	措施类别	工程措施	植物措施				
3	基本工资(元/月)	190	190				
4							
5	地区工资系数						
6	地区	六	七	八	九	十	十一
7	工资系数	1	1.0261	1.0522	1.0783	1.1043	1.1304
8							
9	辅助工资津贴标准						
10	序号	项目	单位	计算标准	工程措施费率	植物措施费率	
11	1	地区津贴	元	90			
12	2	施工津贴	元	3.5			
13	3	夜餐津贴	元	2.5	20%	10%	
14	4	节日加班津贴	元		35%	20%	
15							
16	工资附加费						
17	序号	项目	工程措施费率	植物措施费率			
18	1	职工福利基金	10%	5%			
19	2	工会会费	1%	0.50%			
20	3	养老保险金	15%	7.50%			
21	4	医疗保险费	4%	2%			
22	5	工伤保险费	1%	0.50%			
23	6	职工失业保险费	2%	1%			
24	7	住房公积金	5%	2.50%			

人工价1 / 人工价 / 材料价 / 电水风价 / 费率 / 机械价汇总 / 单价 / 分部概算 / 勘测设计费 / 分年

下面以八类地区为例说明计算方法(见表3-5)。该地区的地区津贴为90元/月。

表3-5与表3-4表名不同，表3-5要用表3-4中的数据，须用绝对地址调用。

计算步骤如下(以工程措施工人为例)：

(1)计算基本工资。激活D31单元格，在名称框显示D31。在D31单元格用键盘输入“=人工价1！ $B$3*人工价1！ $D

表 3-5 人工预算单价计算表

D31 = =人工价1!$B$3*人工价1!$D$7*12/241

	A	B	C	D	E
28	人工预算单价计算表				
29		地区类别	八	定额基本工资	190元/月
30	序号	项目	计算公式	工程措施工人	植物措施工人
31	1	基本工资	基本工资标准*地区工资系数*12/241	9.95	9.95
32	2	辅助工资		10.45	10.02
33		地区津贴	津贴标准*12/241	4.48	4.48
34		施工津贴	津贴标准*365*0.95/241	5.04	5.04
35		夜餐津贴	津贴标准*费率标准	0.50	0.25
36		节日加班津贴	基本工资*3*10*费率/241	0.43	0.25
37	3	工资附加费		7.75	3.80
38		职工福利基金	（基本工资+辅助工资）*费率标准	2.04	1.00
39		工会会费	（基本工资+辅助工资）*费率标准	0.20	0.10
40		养老保险金	（基本工资+辅助工资）*费率标准	3.06	1.50
41		医疗保险费	（基本工资+辅助工资）*费率标准	0.82	0.40
42		工伤保险费	（基本工资+辅助工资）*费率标准	0.20	0.10
43		职工失业保险费	（基本工资+辅助工资）*费率标准	0.41	0.20
44		住房公积金	（基本工资+辅助工资）*费率标准	1.02	0.50
45	工人工日预算单价		1+2+3	28.15	23.77
46	工人工时预算单价		人工工日预算单价/8	3.52	2.97

人工价1 / 人工价 / 材料价 / 电水风价 / 费率 / 机械价汇总 / 单价 / 分部概算 / 勘测

$7*12/241”,(也可在编辑栏输入,下同),在编辑栏显示出该计算式,确认后,在D31单元格即显示出基本工资。$B$3与$D$7分别代表人工价1工作表中的B3与D7单元格的内容。

(2)计算辅助工资。①地区津贴为90元/月:激活D33单元格,键盘输入“=90*12/241”(或人工价1! $D$11*12/241),确认后,在D33单元格即显示出地区津贴。②计算施工津贴:激活D34单元格,键盘输入“=人工价1! $D$12*365×95/100/241”,确认后,即显示出施工津贴。③计算夜餐津贴:激活D35单元格,键盘输入“=人工价1! $D$13*人工价1! $E$13”,确认后,即显示出夜餐津贴。④计算节日加班津贴:激活D36单元格,键盘输入“=D31*3*10/241*人工价1! $E$14”。确认后,即显示出节日加班津贴。⑤计算辅助工资:激活D32单元格,键盘输入“=SUM(D33:D36)”。确认后,即显示出辅助工资。

(3)计算工资附加费。①计算职工福利基金:激活D38单元格,键盘输入“=(D31+D32)*人工价1! $C$18”。确认后,即显示出职工福利基金。②同法可求出D39、D40、D41、D42、D43、D44单元格的值。③计算工资附加费:激活D37单元格,键盘输入“= SUM(D38:D44)”。确认后,即显示出工资附加费。

(4)计算工人工日预算单价。激活D45单元格,键盘输入“=D31+D32+D37”。确认后,即显示出工人工日预算单价。

(5)计算工人工时预算单价。激活D46单元格,键盘输入“=D45/8”。确认后,即显示出人工工时预算单价。

同法可求出植物措施工人工时预算单价。

【练习题3-1】 计算六类地区工程措施工人工时预算单价。

【练习题3-2】 计算八类地区植物措施工人工时预算单价。

3.2.2 材料预算价格

建筑材料分主要材料和其他材料两类。

3.2.2.1　**主要材料**

如木材、水泥、块石、柴油、苗木、草皮等用量大、投资大的材料。其预算价格包括材料原价、包装费、运杂费、运输保险费、材料采购及保管费五项，计算公式如下：

主要材料预算价格=(材料原价+包装费+运杂费)×(1+材料采购及保管费费率)+运输保险费

式中　材料原价——材料采购地的实际价格；

运杂费——包括材料由采购地到工地仓库的运杂费；

材料采购及保管费费率——《规定》为2%；

运输保险费——按工程所在省、自治区、直辖市或中国人民保险公司有关规定计算。

计算主要材料预算价格，先计算运杂费，再计算材料预算价格。

【例3-1】　某水土保持工程购置强度等级32.5水泥，原价为380元/t，用汽车运到工地仓库，运距35km，运费单价0.40元/(t·km)，装卸费4元/t。求强度等级32.5水泥预算价格。

解：先计算运杂费，如表3-6所示。

表3-6　主要材料运杂费计算表

强度等级32.5水泥

序号	运杂费项目	运输起止地点	运输距离(km)	计算公式	合计(元)
1	铁路运杂费				
2	公路运杂费	水泥厂—工地仓库	35	0.4×35+4	18
3	水运运杂费				
4	场内运杂费				
合　计					18

再计算强度等级32.5水泥预算价格，如表3-7所示。

表 3-7 主要材料预算价格计算表

J4 = =H4+I4

	A	B	C	D	E	F	G	H	I	J
1	主要材料预算价格计算表									
2	编号	名称规格	单位	毛重系数	每吨运费(元)	价格(元)				
3						原价	运杂费	到工地价格	采保费	预算价格
4	1	32.5水泥	t		18	352	18	370	7.40	377.40
5	2	粗砂	m^3		12	45	12	57	1.14	58.14
6	3	石子	m^3		12	34	12	46	0.92	46.92
7	4	柴油	t		48	3465	48	3513	70.26	3583.26
8	5	…								

人工价 / 材料价 / 电水风价 / 费率 / 机械价汇总 / 单价 / 分部概算 / 勘测设计费 / 3

计算前先输入 A~G 列的数据,应将所用的主要材料均列入,一次计算,以求快捷。

计算步骤如下:

(1)计算到工地价格。激活 H4 单元格,键盘输入"=F4+G4"。确认后,即显示出强度等级 32.5 水泥到工地价格。在 H 列中,各材料的到工地价格的计算公式是相同的,所以可以将 H4 单元格的公式进行复制。由于公式中的是相对地址,所以复制公式时引用的数据不是原单元格的数据,而是当前单元格相对一定单元格的数据。因此,可以用下拉的方法,即用鼠标十字形指针指向 H4 单元格右下角的黑方块,按住左键,依次将指针下移,即可求出其他材料的到工地价格。

(2)计算采购及保管费(简称采保费)。激活 I4 单元格,键盘输入"=H4*2/100"。确认后,即显示出强度等级 32.5 水泥的采保费。2%为采购及保管费费率。同样,用下拉的方法可求出其他材料的采保费。

(3)计算材料预算价格。激活 J4 单元格,键盘输入"=H4+I4"。确认后,即显示出强度等级 32.5 水泥的预算价格。同样,用下拉的方法可求出其他材料的预算价格。

【练习题 3-3】 将表 3-7 中 H、I、J 列数据消去。计算 H、I、J 三列数据,练习下拉法计算。

主要材料价格计算结果应汇入主要材料价格预算表(表3-8),作为计算工程措施、植物措施单价的基础资料,以备调用。主要材料价格预算表与主要材料预算价格计算表最好做在同一张工作表上(行或列相接续)。

表 3-8 主要材料价格预算表

G17 = 70.26

	A	B	C	D	E	F	G
11	主要材料价格预算表						
12	序号	名称及规格	单位	预算价格	其中		
13					原价	运杂费	采购及保管费
14	1	32.5水泥	t	377.40	352.00	18.00	7.40
15	2	粗砂	m^3	58.14	45.00	12.00	1.14
16	3	石子	m^3	46.92	34.00	12.00	0.92
17	4	柴油	t	3583.26	3465.00	48.00	70.26
18	5	……					

人工价 / 材料价 / 电水风价 / 费率 / 机械价汇总 / 单价 / 分部

汇总的方法可以用键盘输入,但速度慢,且容易出错。最好采用计算机调入。例如,做强度等级 32.5 水泥的价格汇总时,激活 D14 单元格,输入 = 号,鼠标指针指向工作表标签材料价,当显示出表 3-7 时,指针点击 J4 单元格,按 Enter 键确认后,表 3-8 将自动返回,D14 单元格即显示出 J4 单元格的数据,强度等级 32.5 水泥的预算价格即被调入。

用计算机调入,就像用集装箱搬家,对数字整体搬迁,快且不出错。

【练习题 3-4】 用计算机调入强度等级 32.5 水泥的原价、运杂费、采购及保管费。

3.2.2.2 其他材料

可采用工程所在地区就近城市建设工程造价管理部门颁布的工业与民用建筑安装工程材料预算价格。

其他材料(次要材料)价格预算表格式见表 3-9。

表 3-9　次要材料价格预算表

F24 = =D24+E24

	A	B	C	D	E	F
21	次要材料价格预算表					单位：元
22	序号	名称及规格	单位	单价		
23				原价	运杂费	合计
24	1	掺合料	t	1650	37	1687
25	2	……				

人工价　材料价　电水风价　费率　机械价汇总

次要材料价格是直接在次要材料预算价格表上计算。键盘输入D列与E列数据后，再用计算机求出合计。计算过程如下：

激活F24单元格，键盘输入"=D24+E24"，确认后，即显示出掺合料的合计(即材料预算价格)。然后用下拉的方法求出其他材料的预算价格。

3.2.3　电、水、风预算价格

3.2.3.1　施工用电价格

供电方式有电网供电和柴油机发电供电两种。

(1)电网供电：

供电价格=基本电价×1.06

(2)柴油机发电供电：

供电价格=(柴油发电机组(台)时总费用÷柴油发电机额定容量之和)×1.4

3.2.3.2　施工用水价格

施工用水价格=(水泵组(台)时总费用÷水泵额定容量之和)×1.45

3.2.3.3　施工用风价格

施工用风价格《规定》为0.12元/m^3。

用Excel计算电、水、风预算价格,须先将《规定》的基本数据和用《台时费定额》计算出的柴油发电机组(台)和水泵组(台)总费用用键盘输入其工作表,见表3-10。其计算步骤为:①计算电网供电价格。激活D3单元格,键盘输入"=B3 * C3",确认后,在D3单元格显示出电网供电价格。②计算柴油发电机供电价格。激活E5单元格,键盘输入"=B5/C5 * D5",确认后,在E5单元格显示出柴油发电机供电价格。③计算施工用水价格。激活E7单元格,键盘输入"=B7/C7 * D7",确认后,在E7单元格显示出水价。④风价是《规定》的价格。

表3-10　电、水、风预算价格计算表

D3 = =B3*C3

	A	B	C	D	E
1	施工用电价格	基本电价	乘数	电价	
2	(1)电网供电价格				
3		0.57	1.06	0.60	
4	(2)柴油发电机供电价格	柴油发电机组(台)总费用	柴油发电机组定额容量	乘数	电价
5				1.40	
6	施工用水价格	水泵组(台)时总费用	水泵组定额容量之和	乘数	水价
7		83.78	124	1.45	0.98
8	施工用风价格	《规定》给出			0.12

人工价/材料价/电水风价/费率/机械价汇总/单价/分部概算/勘测设计费/分年度投资

3.2.4　施工机械使用费(台时费)

计算施工机械台时费,须套用《台时费定额》。

施工机械台时费包括(一)类费用(折旧费、修理及替换设备费、安装拆卸费)和(二)类费用(人工费、动力燃料费)。《台时费定额》给出了(一)类费用的金额和(二)类费用的人工、动力燃油消耗定额用量。计算施工机械台时费只需计算(二)类费用,(二)类费用计算见表3-11。

计算前先将所要用全部机械的人工、动力燃料定额用量输入工作表,无须输入人工、燃油等的单价,单价作为隐数据,计算中要用单价的绝对地址调用。

表 3-11　施工机械台时费(二)类费用计算表

P5　=E5+G5 +I5 +K5+M5+O5

	A	B	C	D	E	F	G	H	I	J	K	L	M	N	O	P
1	施工机械台时费（二）类费用计算表															
2	序号	定额编号	机械名称及规格	人工		柴油		汽油		电		风		水		合计
3				定额	费用	定额	费用	定额	费用	定额	费用	定额	费用	定额	费用	
4				工时	元	kg	元	kW	元	m^3	元	m^3	元	kg	元	元
5	1	1072	光面压路机8~10t	2.40	8.45	4.50	16.12									24.57
6	2	1043	拖拉机37kW	1.30	4.58	5.00	17.92									22.50
7	3	8014	多级离心水泵100kW	1.30	4.58					100.10	60.06					64.64
8	4		……													

人工价／材料价／电水风价／费率／机械价汇总／单价／分部概算／勘测设计费／分年度投资／价差／融资利息／总…

其计算步骤如下：

(1)计算人工费用。激活 E5 单元格，键盘输入"=D5 * 人工价！$D$46"，确认后，在 E5 单元格即显示出光面压路机的人工费用。然后用下拉的方法，即可求出其他机械的人工费用。

(2)计算柴油费。激活 G5 单元格，键盘输入"=F5 * 材料价！$D$17/1 000"，确认后，在 G5 单元格即显示出光面压路机的柴油费用。同样用下拉的方法可求其他机械的柴油费用。

(3)计算用电费用。激活 K7 单元格，键盘输入"=J7 * 电水风价！$D$3"，确认后，K7 单元格即显示出多级离心水泵 100kW 的用电费用。用下拉的方法可求出以下机械的用电费用。如有机械使用汽油、风、水，可用同法求出其费用。

(4)计算(二)类费用合计。激活 P5 单元格，键盘输入"=E5+G5+I5+K5+M5+O5"，确认后，P5 单元格即显示出光面压路机(二)类费用合计。

用下拉法可求得其他机械的(二)类费用合计。

施工机械台时费应汇总，作为计算工程措施与植物措施单价的基础价格。《规定》的施工机械台时费汇总表格式见表 3-12。

表 3-12(机械价)最好与表 3-11 做在一张工作表上。两表的表名相同，行或列相接续。

汇总步骤如下：

(1)输入(一)类费用。查《台时费定额》，用键盘输入 D～F

列。

表 3-12　施工机械台时费汇总表

C14	=SUM(D14:H14)						
	A	B	C	D	E	F	G	H

	A	B	C	D	E	F	G	H
11	施工机械台时费汇总表							
12	序号	名称及规格	台时费	其中				
13				折旧费	修理及替换设备费	安拆费	人工费	动力燃料费
14	1	光面压路机8~10t	40.60	5.85	10.18		8.45	16.12
15	2	拖拉机37kW	29.35	3.04	3.65	0.16	4.58	17.92
16	3	多级离心泵100kW	83.78	4.58	10.54	4.02	4.58	60.06
17	……							

人工价 / 材料价 / 电水风价 / 机械价汇总 / 单价 / 分部概算 / 分年度投资 / 总

(2)调入(二)类费用。用前述的调入法,调入人工费、动力燃料费。

(3)计算台时费。激活 C14 单元格,键盘输入"=SUM(D14:H14)",确认后,C14 单元格显示出光面压路机的台时费。用下拉的方法可求出其他机械的台时费。

【练习题 3-5】 作表 3-11 所列机械的台时费。练习计算(二)类费用、汇总中的数字调用、计算台时费的下拉方法。

3.2.5　砂石料单价

砂石料的来源分外购和自采两种。

3.2.5.1　**外购砂石料单价**

可按下式计算:

外购砂石料单价 = (原价 + 运杂费) × (1 + 采购及保管费费率)

用 Excel 计算,可参考主要材料预算价格的计算。《规定》外购砂、碎石(砾石)、块石、料石等预算价超过 70 元/m^3 的部分,计取税金后,列入相应部分之后。

3.2.5.2 自采砂石料单价

根据料源情况、开采条件和工艺流程计算。

骨料成品单价由采集、加工、运输(到拌和系统前调节仓)及清理覆盖层、超径和级配弃料摊销费等构成。

下面举例说明:

【例 3-2】 某水土保持工程需浇筑 C20 混凝土 2 000m^3,粗骨料为 1 级配(5~20mm)。1m^3 混凝土需粗骨料 0.75m^3。料场含 5~20mm 砾石占 75%,超径率 4%,级配弃料率 21%,覆盖层开挖方量 395.85m^3。砾石开采加工均用人工施工,工序为:清除覆盖层、开采、筛分、溜洗和运输到混凝土搅拌站。

解:将混凝土与料场的有关数据和通过单价分析求得的工序单价均输入 Excel 工作表,见表 3-13。并据以计算砾石预算单价。

计算步骤如下:

(1)计算砾石需要量。激活 F29 单元格,输入"=D29 * E29",确认后,F29 单元格即显示出砾石需要量 1 500m^3。

(2)计算总开采量。激活 E33 单元格,输入"= C33/D33 * 100",确认后,E33 单元格即显示出总开采量 2 000m^3。

(3)计算各种料的含量。激活 F34 单元格,输入"= D34 * E34/100",确认后,F34 单元格即显示出级配料 1 500m^3,用下拉的方法可求出超径量 80m^3 及级配弃料量 420m^3。

(4)计算摊销率。激活 E39 单元格,输入"=C39/D39 * 100",确认后,E39 单元格即显示出覆盖层清除摊销率,用下拉的方法可求出超径摊销率和级配弃料摊销率。

(5)计算砾石成品预算单价。砾石成品预算单价的计算式为:

砾石成品单价 = ∑工序单价 + 覆盖层清理摊销 + 超径摊销 + 级配弃料摊销

激活 C45 单元格,输入"= SUM(C44:F44) + B44 * E39/100 + (C44 + D44) * (E40 + E41)/100",确认后,C45 单元格即显

示出砾石预算单价。

表 3-13　自采砾石预算单价计算表

F29 = =D29*E29

	A	B	C	D	E	F
26	自采砾石预算单价计算表					
27	混凝土资料					
28	序号	混凝土标号	单位	数量	1m³混凝土需砾石量	砾石需要量
29	1	C20	m³	2000	0.75	1500
30	2	……				
31	开采总量及各料含量					
32	序号	名称	需砾石量(m³)	含量率(%)	总开采量(m³)	数量(m³)
33	1	开采总量	1500	75	2000	
34	2	级配量		75	2000	1500
35	3	超径量		4	2000	80
36	4	级配弃料量		21	2000	420
37	摊销率					
38	序号	名称	方量(m³)	级配量(m³)	摊销率(%)	
39	1	覆盖层清除摊销率	395.85	1500	26.39	
40	2	超径弃料摊销率	80	1500	5.33	
41	3	级配弃料摊销率	420	1500	28.00	
42	工序单价					
43	工序名称	人工清除覆盖层	人工开采砾石(100m³)	人工筛分砾石(100m³)	人工溜洗砾石(100m³)	人工运输砾石(100m³)
44	工序单价	241.2	1863.95	793.17	783.91	1158.12
45	砾石成品预算单价(100m³)		5548.42			

人工价 / 材料价 / 电水风价 / 机械价汇总 / 单价 / 分部概算 / 分年

3.2.6　混凝土材料单价

混凝土材料单价的计算式为：

混凝土材料单价 = ∑材料用量 × 材料预算单价

混凝土的各项材料用量，应根据工程试验提供的数据，无试验资料时，可参照《概算定额》附录中的混凝土材料配合比表计算。

计算过程见表3-14。

表3-14　混凝土材料单价计算表

J6 = 192.76

	A	B	C	D	E	F	G	H	I	J
1	混凝土材料单价计算									
2	序号	混凝土标号	级配	水泥等级	预算量					单价（元）
3					水泥(kg)	掺合料(kg)	砂(m^3)	石子(m^3)	水(kg)	
4	1	C10	1	32.5	233		0.58	0.75	172	157.01
5	2	C15	2	32.5	236		0.53	0.85	150	159.91
6	3	C20	3	32.5	322		0.40	1.02	129	192.76

人工价 / 材料价 / 电水风价 / 机械价汇总 / 单价汇总 / 分部概算

在表3-14中，由于没有材料预算价格（它们是隐数据），因此计算式中需引用前面的材料预算计算表中的数据。

计算步骤如下：

(1)在B、C、D列键盘输入各混凝土的标号、级配，在E～I列键盘输入各混凝土的材料用量。

(2)计算混凝土材料单价。激活J4单元格，键盘输入“=E4*材料价！$D$14/1 000+G4*材料价！$D$15+H4*材料价！$D$16+I4*电水风价！$E$7/1 000”，确认后，在J4单元格即显示出C10混凝土的材料单价。

同法可求出下列其他混凝土的材料单价。

3.2.7　植物措施材料预算价格

苗木、草、种子的预算价格计算式为：

苗木、草、种子的预算价格=（苗圃或当地市场价+运杂费）×(1+采购及保管费费率)

式中的采购及保管费费率《规定》为0.5%~1.0%。

植物措施材料预算价格计算表格(表3-15)和Excel计算方法与主要材料预算价格表和计算方法相同。

在表3-15中,采购及保管费费率采用1%。

表3-15　植物措施材料预算价格计算表

G55　=　=(E55+F55)*1/100

	A	B	C	D	E	F	G
51	植物措施材料预算价格计算表					单位:元	
52	序号	名称及规格	单价	预算价格	单价		
53					原价	运杂费	采购及保管费
54	1	沙打旺草籽	kg	11.98	11.76	0.10	0.12
55	2	油松	株	0.26	0.23	0.027	0.003
56	3	......					

人工价 / 材料价 / 电水风价 / 机械价汇总 / 单价汇总

3.3　单价编制

开发建设项目水土保持工程的单价包括工程措施单价、植物措施单价和安装工程单价三类。工程措施单价与植物措施单价的构成基本相同。

3.3.1　工程措施单价与植物措施单价

措施单价由直接工程费、间接费、企业利润、税金构成。

单价=直接工程费+间接费+企业利润+税金

3.3.1.1　直接工程费

直接工程费包括直接费、其他直接费和现场经费三项。

(1)直接费。直接费包括人工费、材料费、机械使用费,用《概算定额》计算。

人工费=定额劳动量(工时)×人工预算单价(元/工时)

材料费=定额材料用量(植物措施不含苗木、草及种子费)×材料预算价格

植物措施的苗木、草及种子费不进入单价,只用做计算其他材料费的基础。

机械使用费=定额机械使用量(台时)×施工机械台时费

(2)其他直接费。其他直接费以直接费为计算基础,乘以其他直接费费率。

其他直接费=直接费×其他直接费费率

《规定》的其他直接费费率见表3-16。

表3-16 其他直接费费率

序号	费用名称	费　率	备注
一	冬雨季施工增加费(植物措施、机械固沙、土地整治工程费率取下限)	西南、中南、华东区0.5%~0.8%	规定不计冬季施工增加费的取小值,反之取大值
		华北区0.8%~1.5%	内蒙古等较严寒地区取大值,其他地区取小值或中值
		西北、东北1.5%~2.5%	陕西、甘肃取小值,其他取大值
二	夜间施工增加费	0.5%	植物措施、机械固沙、土地整治工程不计此项费用
三	特殊地区施工增加费		高海拔地区高程增加费,按《概算定额》规定,直接进入定额
			酷热、风沙等特殊增加费,地方无规定的不得计入
四	其他	0.5%~1.0%	植物措施、机械固沙、土地整治工程取下限

(3)现场经费。现场经费以直接费为计算基础,乘以现场经费费率。

现场经费=直接费×现场经费费率

《规定》的现场经费费率见表3-17。

表3-17 现场经费费率

序号	工程类别	现场经费费率(%)		
一	工程措施	现场管理费	临时设施费	合计
1	土石方工程	2~4	1	3~5
2	混凝土工程	3	3	6
3	基础处理工程	4	2	6
4	机械固沙工程	2	1	3
5	其他工程	3	2	5
二	植物措施	3	1	4

注:土地整治工程取下限。

3.3.1.2 间接费

间接费包括人工工资、办公费、差旅费、交通费、固定资产使用费、管理用具使用费和其他费用。间接费以直接工程费为计算基础,乘以间接费费率。

间接费=直接工程费×间接费费率

《规定》的间接费费率见表3-18。

表3-18 间接费费率

序号	工程类别	间接费费率(%)	序号	工程类别	间接费费率(%)
一	工程措施		4	机械固沙工程	3
1	土石方工程	3~5	5	其他工程	4
2	混凝土工程	4	二	植物措施	3
3	基础处理工程	6			

注:土地整治工程取下限。

3.3.1.3 企业利润

企业利润以直接工程费与间接费之和为计算基础，乘以企业利润率。

企业利润 = (直接工程费 + 间接费) × 企业利润率

《规定》的企业利润率，工程措施为 7%，植物措施为 5%。

3.3.1.4 税金

税金以直接工程费、间接费和企业利润之和为计算基础，乘以税率。

税金 = (直接工程费 + 间接费 + 企业利润) × 税率

《规定》中税率标准为：建设项目在市区的为 3.41%，建设项目在城镇的为 3.35%，建设项目在市区或城镇以外的为 3.22%。

3.3.2 安装工程单价

安装工程单价包括直接工程费、间接费、企业利润和税金四项。其计算是以设备费为计算基础，乘以安装费费率。

安装工程单价 = 设备费 × 安装费费率

《规定》中安装费费率，排灌设备为 6%，监测设备为 10%。

在计算单价时，宜将各费费率输入 Excel 工作表，以便调用。有上、下限的费率应将确定的值输入工作表。例如，八类地区(非特殊地区)某水土保持工程，确定冬雨季施工增加费费率为 1.5%，夜间不施工，其他为 0.5%，则其他直接费费率 2.0%。土石方工程的现场费费率及间接费费率均采用 3%。详见表 3-19。

3.3.3 单价计算示例

3.3.3.1 工程措施单价计算

【例 3-3】 八类地区机械固沙工程用黏土压盖，厚度 5cm，作其单价。

解：查《概算定额》07003 号，将定额用量输入 Excel 工作表，见

表 3-20。各费率由表 3-19 调入,调入的方法见前述。

表 3-19 费率表

H5 = 4

	A	B	C	D	E	F	G	H
1	其他直接费费率(%)		2.0					
2	其他费率(%)							
3		工程措施						
4	序号	名称	土石方工程	混凝土工程	基础处理工程	机械固沙工程	其他工程	植物措施
5	1	现场经费费率	3	6	6	3	5	4
6	2	间接费费率	3	4	6	3	4	3
7	3	企业利润率	7	7	7	7	7	5
8	4	税率	3.22	3.22	3.22	3.22	3.22	3.22
9	设备安装费率(%)							
10	序号	设备名称	费率					
11	1	排灌设备	6					
12	2	监测设备	10					

人工价 / 材料价 / 电水风价 / 费率 / 机械价汇总 / 单价 / 分部

其计算步骤如下:

(1)计算人工费、黏土费、光面压路机费。激活 F7 单元格,输入"=D7*E7",确认后,F7 单元格即显示出人工费合计。用下拉方法求出黏土费,光面压路机费。

(2)计算其他材料费。激活 F9 单元格,输入"=D9*F8/100",确认后,F9 单元格即显示出其他材料费。

(3)计算直接费。激活 F6 单元格,输入"=SUM(F7:F10)",确认后,F6 单元格即显示出直接费。

(4)计算其他直接费、现场经费。激活 F11 单元格,输入"=F6*D11/100",确认后,F11 单元格即显示出其他直接费。同法求出现场经费。

(5)计算直接工程费。激活 F5 单元格,输入"=F6+F11+F12",确认后,F5 单元格即显示出直接工程费。

表 3-20　工程措施单价

	A	B	C	D	E	F
F7	=D7*E7					
1	工程措施单价表					
2	定额编号：07003　黏土压盖工程　定额单位：$100m^3$					
3	施工方法：铺料、整平、压实					
4	序号	名称及规格	单位	数量	单价(元)	合计(元)
5	一	直接工程费				138.71
6	1	直接费				132.11
7	①	人工费	工时	22.9	3.520	80.61
8	②	黏土	m^3	7.02	5.993	42.07
9	③	其他材料费	%	1.20		0.50
10	④	光面压路机 8~10t	台时	0.22	40.600	8.93
11	2	其他直接费	%	2		2.64
12	3	现场经费	%	3		3.96
13	二	间接费	%	3		4.16
14	三	企业利润	%	7		10
15	四	税金	%	3.22		4.92
16	合计					157.79

材料价 / 电水风价 / 费率 / 机械价汇总 / 单价 / 分部

(6)计算间接费。激活 F13 单元格,输入“= F5 * D13/100”,确认后,F13 单元格即显示出间接费。

(7)计算企业利润。激活 F14 单元格,输入“=(F5 + F13) * D14/100”,确认后,F14 单元格即显示出企业利润。

(8)计算税金。激活 F15 单元格,输入“=(F5 + F13 + F14) * D15/100”,确认后,F13 单元格即显示出税金。

(9)计算合计(即单价)。激活 F16 单元格,输入“= F5 + SUM(F13:F15)”,确认后,F16 单元格即显示出合计。

3.3.3.2　**植物措施单价计算**

【例 3-4】　八类地区某地水平犁沟整地机械施工,土类为Ⅱ级,水平犁沟间距为 3m,该地区年降水量平均 250mm,作其单价。

解:查《概算定额》08038 号,将工、机定额输入 Excel 工作表,见表 3-21。

表 3-21　植物措施单价表

F31 = =F21+SUM(F28:F30)

	A	B	C	D	E	F
17	植物措施单价表					
18	定额编号:08038　水平犁沟整地工程　定额单位:hm^2					
19	施工方法:拖拉机牵引铧犁上下翻土,人工打隔挡					
20	序号	名称及规格	单位	数量	单价(元)	合计(元)
21	一	直接工程费				187.29
22	1	直接费				176.69
23	①	人工	工时	29	2.97	86.13
24	②	零星材料费	%	22		31.86
25	③	拖拉机37kW	台时	2	29.35	58.70
26	2	其他直接费	%	2		3.53
27	3	现场经费	%	4		7.07
28	二	间接费	%	3		5.62
29	三	企业利润	%	5		9.65
30	四	税金	%	3.22		6.52
31	合计					209.08

电水风价 / 费率 / 机械价汇总 / 单价 / 分部概算 / 勘测

注:①定额规定间距按 3m 计,间距每增加 1m,人工工时减 4,拖拉机台时减 0.4。本题间距为 3m,故不减。

②定额规定年降水量小于 400mm 地区,定额应乘以 1.25;年降水量大于 600mm 地区,定额应乘以 0.8。故表 3-21 中的人工和机械定额均为乘以 1.25 后的数据。

植物措施单价计算方法与工程措施相同。

【练习题 3-6】　用 Excel 计算表 3-21,求出单价。

3.3.3.3 单价汇总

计算出的工程措施单价与植物措施单价应汇成工程单价汇总表,见表 3-22。

表 3-22 工程单价汇总表

D40 = =SUM(E40:L40)

工程单价汇总表　　单位:元

序号	工程名称	单位	单价	其中							
				人工费	材料费	机械使用费	其他直接费	现场经费	间接费	企业利润	税金
1	削坡开级	$100m^3$	121.17	92.22	9.22		2.03	3.04	3.20	7.68	3.78
2	开挖排洪渠	$100m^3$	509.29	413.95	12.42		8.53	12.79	13.43	32.28	15.89
3	黏土压盖	$100m^3$	157.79	80.61	42.57	8.93	2.64	3.96	4.16	10.00	4.92
4	水平犁沟整地	hm^2	209.08	86.13	31.86	58.70	3.53	7.07	5.62	9.65	6.52
5	条播沙打旺	hm^2	572.89	454.41	29.73		9.68	19.37	15.40	26.43	17.87
6	栽植油松苗	100株	27.87	20.79	2.76		0.47	0.94	0.75	1.29	0.87

人工价 / 材料价 / 电水风价 / 费率 / 机械价汇总 / 单价 / 分部概算 / 勘测设计费 / 分年度投资

表 3-22 中的数据由工程措施单价表和植物措施单价表调入。

【练习题 3-7】 将水平沟整地的单价及其中各费用调入表 3-22。

3.4 概算编制

开发建设项目水土保持工程概算包括分部工程概算、分年度投资与总概算三项内容。

3.4.1 分部工程概算

开发建设项目水土保持工程包括工程措施、植物措施、施工临时工程和独立费用四个部分,各部分的概算称分部工程概算。分部工程概算《规定》项目划分均列至三级项目。各分部工程概算编制的方法列述于后。

第一部分　工程措施

包括建筑工程费、设备费和安装工程费。

(1)建筑工程费 = ∑三级项目工程单价 × 该工程的工程量

(2)设备费 = ∑台数 × 设备预算价格

(3)安装工程费 = ∑设备费 × 6%(排灌设备)或 10%(监测设备)

第二部分　植物措施

包括苗木、草、种子费和栽植费。

(1)苗木、草、种子等材料费 = ∑数量 × 预算价格

(2)栽(植)费按《概算定额》编制。

第三部分　施工临时工程

包括临时防护工程费和其他临时工程费。

(1)临时防护工程费 = ∑工程量 × 预算单价

(2)其他临时工程费 =(第一、第二部分之和)×(1% ~2%)(大型工程、植物保护措施工程取下限)

第四部分　独立费用

包括建设管理费、工程建设监理费、科研勘测设计费、水土流失监测费和工程质量监督费。

(1)建设管理费 =(第一至第三部分之和)×(1% ~2%)

(2)工程建设监理费。按国家及工程所在省、自治区、直辖市的有关规定计算。

国家物价局、建设部[1992]价费字 479 号文规定:根据委托监理业务范围、深度和工程性质、规模、难易程度以及工作条件等情况,按照下列方法之一计收工程建设监理费:

①按照监理工程概(预)算 的百分比计收,见表 3-23。②按照参与监理工作的年度平均人数计算:3.5 万~5 万元/(人·年)。工程建设监理费 = 费用指标(元/(人·年))× 定员人数 × 监理费用计算期。以上两项规定为指导性价格,具体由建设单位与监理单位在规定的幅度内协商确定。③不宜按上两项办法计收的,按建设

单位和监理单位商定的其他办法计收。

表 3-23　工程建设监理收费标准

序号	工程概(预)算 M（万元）	设计阶段(含设计招标)监理取费 a(%)	施工(含施工投标)及保修阶段监理取费 b(%)
1	$M<500$	$0.2<a$	$2.5<b$
2	$500\leqslant M<1\,000$	$0.15<a\leqslant 0.2$	$2.00<b\leqslant 2.50$
3	$1\,000\leqslant M<5\,000$	$0.10<a\leqslant 0.15$	$1.40<b\leqslant 2.00$
4	$5\,000\leqslant M<10\,000$	$0.08<a\leqslant 0.10$	$1.20<b\leqslant 1.40$
5	$10\,000\leqslant M<50\,000$	$0.05<a\leqslant 0.08$	$0.80<b\leqslant 1.20$
6	$50\,000\leqslant M<100\,000$	$0.03<a\leqslant 0.05$	$0.60<b\leqslant 0.80$
7	$100\,000\leqslant M$	$a\leqslant 0.03$	$b\leqslant 0.60$

(3)科研勘测设计费。

①工程科学研究试验费=(第一至第三部分之和)×(0.2%~0.5%)。大型、特殊水土保持工程可列此项费用,一般工程不列。

②勘测设计费:按国家计委、建设部计价格[2002]10 号文《工程勘察设计收费标准》计算,该文规定如下:

a.工程勘察收费

工程勘察收费=工程勘察收费基准价×(1±浮动幅度值)

工程勘察收费基准价=基本勘察收费+其他勘察收费

基本勘察收费是指初步设计、招标设计、施工图设计阶段的勘察收费。

基本勘察收费=工程勘察收费基价×专业调整系数×工程复杂程度调整系数×附加调整系数

其他勘察收费是在基本勘察收费之外的勘察收费。

工程勘察收费基价见表 3-24。

以上式中　浮动幅度值——20%上下,当采用新技术、新工艺、新设备、新材料时,可在 25%以内,具体由发包人与勘察人协商确定;

专业调整系数——水土保持工程为0.5~0.55；

工程复杂程度调整系数——水土保持工程为1.0；

附加调整系数——水土保持工程无此系数。

表3-24 水利水电工程勘察收费基价表

序号	计费额（万元）	收费基价（万元）	序号	计费额（万元）	收费基价（万元）
1	200	9.0	10	60 000	1 515.2
2	500	20.9	11	80 000	1 960.1
3	1 000	38.8	12	100 000	2 393.4
4	3 000	103.8	13	200 000	4 450.8
5	5 000	163.9	14	400 000	8 276.7
6	8 000	249.6	15	600 000	11 897.5
7	10 000	304.8	16	800 000	15 391.4
8	20 000	566.8	17	1 000 000	18 793.8
9	40 000	1 054.0	18	2 000 000	34 948.9

注：计费额大于2 000 000万元的，以计费额乘以1.7%的计费率计算收费基价。

b.工程设计收费

工程设计收费=工程设计收费基准价×(1±浮动幅度值)

工程设计收费基准价=基本设计费+其他设计费

基本设计费=工程设计收费基价×专业调整系数×工程复杂程度调整系数×附加调整系数

基本设计费是指初步设计、施工图设计、设计技术交底、解决施工中技术问题、参加试车考核和竣工验收等的收费。

以上式中 浮动幅度值——与勘察收费相同；

专业调整系数——水库1.2，其他0.8；

工程复杂程度调整系数——0.8；

附加调整系数——0.7。

工程设计收费基价见表3-24。计费额大于2 000 000万元的，以计费额乘以1.6%的计费率计算收费基价。

其他设计收费是指基本设计以外的设计和服务的收费。

(4)水土流失监测费 = (第一至第三部分之和) × (1% ~ 1.5%)

不包括具有水土保持功能项目的水土流失监测费用。

(5)工程质量监督费。按国家及建设工程所在省、自治区、直辖市的有关规定计算。

国家计委收费管理司、财政部计司收费函[1996]2 号文规定：建设工程质量监督费按建安工作量计费，大城市不超过 1.5‰，中等城市不超过 2‰，小城市不超过 2.5‰；已实施工程监理的建设项目，不超过 0.5‰～1.0‰，具体按省、自治市、直辖市规定执行。

【例 3-5】 八类地区某开发建设项目水土保持工程，包括护坡工程、防洪工程、机械固沙工程、植物防护工程和绿化美化工程。用 Excel 计算其概算。先将工程措施、植物措施的项目和工程量输入分部工程概算表，见表 3-25。

解： 工程措施与植物措施的单价由工程单价汇总表调入，草籽、树苗的单价由植物措施材料预算价格表调入。

该工程无临时防护工程，其他临时工程费，按第一部分工程措施费的 2%、第二部分植物措施费的 1% 计算。

建设管理费按第一至第三部分之和的 2% 计算。

工程建设监理费：第一至第三部分之和为 445.92 万元，小于 500 万元，按表 3-23 取 2.5% 计算。

该工程无科研试验费。勘测设计费按国家计委、建设部计价格[2002]10 号文《工程勘察设计收费标准》计算如下：

第一至第三部分合计为 445.92 万元，即计费额。由表 3-24 求得收费基价为 18.753 万元。

(1)勘测费的专业调整系数取 0.5，工程复杂程度调整系数为 1，浮动幅度值取 -10%。无其他勘测收费。

(2)设计费的专业调整系数为 0.8，工程复杂程度调整系数为

0.85,附加调整系数为0.7,浮动幅度值取-10%。无其他设计费。

表3-25　分部工程概算表

F29 = =F3+F10+F19+F23

	A	B	C	D	E	F
1	分部工程概算表					
2	编号	工程或费用名称	单位	数量	单价(元)	合计(元)
3		第一部分 工程措施				4186849.36
4	一	护坡工程				
5		土方开挖(削坡开级)	m^3	17968	1.21	21741.28
6	二	防洪工程				
7		土方开挖(排洪渠)	m^3	697856	5.09	3552087.04
8	三	机械固沙工程				
9		黏土压盖(压盖)	m^3	387988	1.58	613021.04
10		第二部分 植物措施				186765.96
11	一	植物防护工程				174526.99
12		水平犁沟整地	hm^2	126.38	209.08	26423.53
13		条播沙打旺	hm^2	126.38	572.89	72401.84
14		沙打旺草籽	kg	6319	11.98	75701.62
15	二	绿化美化工程				12238.97
16		水平犁沟整地	hm^2	15.47	209.08	3234.47
17		栽植油松苗	株	16675	0.28	4669.00
18		油松苗(2年生,地径0.6cm)	株	16675	0.26	4335.50
19		第三部分 临时工程				85604.65
20	一	其他临时工程				85604.65
21		工程措施	%	2	4186849.36	83736.99
22		植物措施	%	1	186765.96	1867.66
23		第四部分 独立费用				436581.66
24	一	建设管理费	%	2	4459219.97	89184.40
25	二	工程建设监理费	%	2.5	4459219.97	111480.5
26	三	科研勘测设计费	项	1	164726.35	164726.35
27	四	水土流失监测费	%	1.5	4459219.97	66888.30
28	五	工程质量监督费	%	0.1	4302112.01	4302.11
29		一至四部分合计				4895801.63

电水风价 / 费率 / 机械价汇总 / 单价 / 分部概算 / 勘测设计费 / 分

用Excel计算勘测设计费,先将已确定的收费基价和各个系数输入Excel工作表,见表3-26。

计算步骤如下:

(1)计算勘测费。激活F4单元格,输入"=C4*D4*E4",确认后,F4单元格即显示出基本勘测费。激活F6单元格,输入"=

F4 + F5”,确认后,F6 单元格即显示出基准价。激活 F2 单元格,输入“= F6 * (1 - 10%)”,确认后,F2 单元格即显示出勘测费。

表 3-26　勘测设计费计算表

G9　=　=C9*D9*E9*F9

	A	B	C	D	E	F	G
1	勘测设计费计算表					单位:元	
2	勘测费(浮动值—10%)					84388.50	
3	序号	费用名称	收费基价	专业调整系数	工程复杂程度调整系数	费用	
4	1	基本勘测费	187530.00	0.5	1.0	93765.00	
5	2	其他勘测费				0	
6	3	基准价				93765.00	
7	设计费(浮动值—10%)						80337.85
8	序号	费用名称	收费基价	专业调整系数	工程复杂程度调整系数	附加调整系数	费用
9	1	基本设计费	187530.00	0.8	0.85	0.7	89264.28
10	2	其他设计费					0
11	3	基准价					89264.28
12	勘测设计费						164726.35

人工价 / 材料价 / 电水风价 / 费率 / 机械价汇总 / 单价 / 分部概算 / 勘测设

(2)计算设计费。激活 G9 单元格,输入“= C9 * D9 * E9 * F9”,确认后,G9 单元格即显示出基本设计费。激活 G11 单元格,输入“= G9 + G10”,确认后,G11 单元格即显示出基准价。激活 G7 单元格,输入“= G11 * (1 - 10%)”,确认后,G7 单元格即显示出设计费。

(3)计算勘测设计费。激活 G12 单元格,输入“= F2 + G7”,确认后,G12 单元格即显示出勘测设计费。将勘测设计费调入分部工程概算表(表 3-25)。

工程质量监督费计算基础为建安工作量(第一、三部分及第二部分中的水平犁沟整地费用),费率取 1‰。

用 D 列 × E 列求出其他措施的费用,再用 SUM 求和的方法计算出一至四部分合计。

3.4.2　分年度投资

分年度投资是根据施工组织设计确定的施工进度安排,将工程措施、植物措施、施工临时工程、独立费用合理分配到各施工年度。用以计算各年的价差预备费和融资利息。

分年度投资按一级项目计列，单位为万元。例 3-5 分年度投资表见表 3-27。

表 3-27 分年度投资表

E22 = =E20+E21

	A	B	C	D	E
1	分年度投资表			单位：万元	
2	工程及费用名称	投资合计	第一年	第二年	第三年
3	第一部分 工程措施				
4	护坡工程	2.17	2.17		
5	防洪工程	355.21	106.56	142.09	106.56
6	机械固沙工程	61.30	18.39	24.52	18.39
7	第二部分 植物措施				
8	植物防护工程	17.45			17.45
9	绿化美化工程	1.22			1.22
10	第三部分 施工临时工程				
11	其他临时工程	8.56	8.56		
12	第四部分 独立费用				
13	建设管理费	8.92	2.68	3.56	2.68
14	工程建设监理费	11.15	3.35	4.45	3.35
15	科研勘测设计费	16.47	11.11	2.68	2.68
16	水土流失监测费	6.69	2.00	2.69	2.00
17	工程质量监督费	0.43	0.13	0.17	0.13
18	一至四部分合计	489.57	154.95	180.16	154.46
19	基本预备费	14.69	4.65	5.41	4.63
20	静态总投资	504.26	159.60	185.57	159.09
21	价差预备费	20.43	3.19	7.50	9.74
22	合计	524.69	162.79	193.07	168.83

单价 / 分部概算 / 勘测设计费 / 分年度投资 / 价差

3.4.2.1 各年度投资安排

按照施工进度计划中各年度完成各项工程的工程量计算出各项工程在各年完成的工作量，进行安排。该工程的施工进度计划见表3-28。

表3-28 某水土保持工程的施工进度计划

工程或费用名称	第一年	第二年	第三年
护坡工程	——		
防洪工程	——	——	——
机械固沙工程	——	——	——
植物防护工程			——
绿化美化工程			——
其他临时工程	——		

表3-28中，防洪工程和机械固沙工程工期均为3年，进度安排为第一年、第三年各完成30%，第二年完成40%，独立费用除勘测费安排在第一年，设计费按三年平均分配外，其余各项也按第一、三年30%，第二年40%计。

3.4.2.2 预备费

《规定》在编制分年度投资表时，尚应做出预备费的安排。预备费包括基本预备费和价差预备费。

(1)基本预备费。《规定》概算按一至四部分之和的3%计算。主要解决在施工过程中设计变更和预防意外事故所采取措施增加的费用。

(2)价差预备费。主要解决在施工过程中,人工工资、材料、设备价格上涨及费用标准调整所增加的费用。以分年度静态投资为基数,按下式计算:

$$E = \sum_{n=1}^{N} F_n[(1+p)^n - 1]$$

式中 E——价差预备费;

N——合理工期;

n——施工年度;

F_n——建设期第 n 年的分年投资;

p——年物价指数,其值按国家规定。

用 Excel 计算价差预备费的计算过程见表 3-29。

表 3-29 价差预备费计算表

D3 = =B3*(C3-1)

	A	B	C	D
1	价差预备费计算表			单位:万元
2	施工年度	年度静态总投资	$(1+p)^n$	价差预备费
3	1	159.60	1.02	3.19
4	2	185.57	1.0404	7.50
5	3	159.09	1.0612	9.74
6	总计			20.43

勘测设计费 / 分年度投资 / 价差 / 融资利息

计算步骤为:①键盘输入 A、B 列(B 列数据可由表 3-27 调入)。②计算$(1+p)^n$,例如设 $p=2\%$。激活 C3 单元格,键盘输入"1.02",即$(1+p)$的实际值。激活 C4 单元格,输入"= C3 * 1.02",确认后,C4 单元格即显示出$(1+p)^2$ 值。激活 C5 单元格,输入"= C4 * 1.02",确认后,C5 单元格即显示$(1+p)^3$ 值。③计算各施工年度的价差预备费。激活 D3 单元格,输入"= B3 *

(C3－1)”，确认后，D3 单元格即显示出第 1 年的价差预备费，然后用下拉的方法求出 2、3 年的价差预备费。④计算总价差预备费。激活 D6 单元格，输入“＝SUM(D3:D5)”，确认后，D6 单元格即显示出总价差预备费。

3.4.3 总概算

总概算是在分部工程概算的基础上汇总列至一级项目，并计入建设期融资利息，计量单位为万元。

3.4.3.1 建设期融资利息

《规定》按国家财政金融政策规定计算。

《水利工程设计概(估)算编制规定》的计算公式可供参考。

$$S = \sum_{n=1}^{N}\left[\left(\sum_{m=1}^{n}F_m b_m - \frac{1}{2}F_n b_n\right) + \sum_{m=0}^{n-1}S_m\right]i$$

式中 S——建设期融资利息；

N——合理工期；

n——施工年度；

m——还息年度；

F_n、F_m——在建设期资金流量表内第 n、m 年的投资；

b_n、b_m——各施工年度融资额占当年投资比例；

i——建设期融资利率；

S_m——第 m 年的付息额度。

由于《规定》未要求计算资金流量，因此可以按分年度投资计算。

用 Excel 计算例 3-5 中建设期融资利息的过程见表 3-30。

设各年融资比例占当年投资的 50%，年利率为 5.58%。

计算步骤如下：

(1)键盘输入 A、B 列数据。

(2)计算 C 列。激活 C3 单元格，输入“＝B3”，确认后，在 C3

单元格即显示出第1年度的投资累计值；激活C4单元格，输入“=B4+C3”，确认后，在C4单元格即显示出第2年度的投资累计值；激活C5单元格，输入“=B5+C4”，确认后，在C5单元格即显示出第3年度的投资累计值。

表3-30 建设期融资利息计算表

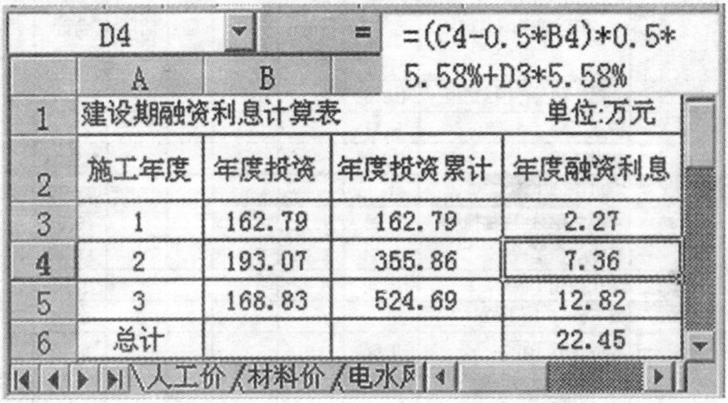

D4 = =(C4-0.5*B4)*0.5*5.58%+D3*5.58%

	A	B	C	D
1	建设期融资利息计算表			单位:万元
2	施工年度	年度投资	年度投资累计	年度融资利息
3	1	162.79	162.79	2.27
4	2	193.07	355.86	7.36
5	3	168.83	524.69	12.82
6	总计			22.45

人工价 / 材料价 / 电水风

(3)计算年度利息。激活D3单元格，输入“=(C3-0.5*B3)*0.5*5.58/100”，确认后，D3单元格即显示出第1年的融资利息；激活D4单元格，输入“=(C4-0.5*B4)*0.5*5.58%+D3*5.58%”，确认后，D4单元格即显示出第2年的融资利息；激活D5单元格，输入“=(C5-0.5*B5)*0.5*5.58%+(D3+D4)*5.58%”，确认后，D5单元格即显示出第3年的融资利息。

(4)计算建设期融资利息合计。激活D6单元格，输入“SUM(D3:D5)”，确认后，在D6单元格即显示出利息合计。

3.4.3.2 总概算表

例3-5的总概算表见表3-31。

编制总概算表，应将建安工作量、植物措施、设备费、独立费用分别汇总。

工程措施、植物措施中的工程部分、施工临时工程部分均属建安工程;植物措施中要将栽(种)植与苗木、草、种子分别汇总。

表 3-31　总概算表

H24　=　=SUM(H21:H23)

	A	B	C	D	E	F	G	H
1	总概算表						单位：万元	
2	序号	工程或费用名称	建安工作量	植物措施		设备费	独立费用	合计
3				栽(种)植费	苗木、草、种子费			
4		第一部分 工程措施	418.68					418.68
5	一	护坡工程	2.17					2.17
6	二	防洪工程	355.21					355.21
7	三	械机固沙工程	61.30					61.30
8		第二部分 植物措施	2.96	7.71	8.00			18.67
9	一	植物防护工程	2.64	7.24	7.57			17.45
10	二	绿化美化工程	0.32	0.47	0.43			1.22
11		第三部分 施工临时工程						8.56
12	一	其他临时工程	8.56					8.56
13		第四部分 独立费用						43.66
14	1	建设管理费					8.92	8.92
15	2	工程建设监理费					11.15	11.15
16	3	科研勘测设计费					16.47	16.47
17	4	水土流失监测费					6.69	6.69
18	5	工程质量监督费					0.43	0.43
19		一至四部分合计	430.20	7.71	8.00		43.66	489.57
20		基本预算费（3%）						14.69
21		静态总投资						504.26
22		价差预备费						20.43
23		建设期融资利息						22.45
24		总投资						547.14

勘测设计费 / 分年度投资 / 价差 / 融资利息 / 总概算

汇总的方法用计算机由分年度投资表中调入。再用 SUM 函数求出各部分的(费用)合计。例如:

(1)求第一部分工程措施(费用)合计。激活 H4 单元格,输入“=SUM(H5:H7)”,确认后,在 H4 单元格即显示出第一部分工程部分的(费用)合计。

同法,可求出第二、三、四部分的(费用)合计。

(2)求一至四部分合计。激活 H19 单元格,输入"= H4 + H8 + H11 + H13",确认后,在 H19 单元格即显示出一至四部分合计。

(3)计算基本预备费。激活 H20 单元格,输入"= H19 * 3/100",确认后,在 H20 单元格即显示出基本预备费。

(4)计算静态总投资。激活 H21 单元格,输入"= H19 + H20",确认后,在 H21 单元格即显示出静态总投资。

(5)价差预备费和建设期融资利息分别由表 3-29 与表 3-30 调入,也可用键盘输入。

(6)计算总投资。激活 H24 单元格,输入"= SUM(H21:H23)",确认后,在 H24 单元格即显示出总投资。

3.5 用工、用料量计算

《规定》要求在编制开发建设项目水土保持工程概算时,须计算出用工、用料量。

用工、用料量由工程量与定额用工量和定额用料量计算。

计算工、料用量首先要将主体工程主要工程量汇总。

3.5.1 主体工程主要工程量汇总表

《规定》的表格形式见表 3-32。

表 3-32 中的数据,由分部工程概算表中调入。

3.5.2 主体工程主要材料量汇总表

主要材料用量 = 主体工程量(定额单位)×1 个定额用料量

《规定》的表格形式见表 3-33。

现以例 3-5 为例:

表 3-32　主体工程主要工程量汇总表

D5　=　387988

	A	B	C	D	E	F	G
1	主体工程主要工程量汇总表						
2	序号	工程项目	土石方开挖(m^3)	土石方回填(m^3)	水平犁沟整地(hm^2)	条播沙打旺(hm^2)	栽植油松苗(株)
3	1	削坡开级	17968				
4	2	排洪渠开挖	697856				
5	3	黏土压盖		387988			
6	4	植物防护工程			126.38	126.38	
7	5	绿化美化工程			15.47		16675
8		合计	715824	387988	141.85	126.38	16675

分部工程概算 / 工程量汇总 / 单价 / 机械价汇总 / 材料

表 3-33　主体工程主要材料量汇总表

G7　=　=SUM(G4:G6)

	A	B	C	D	E	F	G	H	I	J
1	主体工程主要材料量汇总表									
2–3	序号	工程项目	水泥(t)	钢筋(t)	木材(m^3)	炸药(kg)	柴油(kg)	苗木(株)	草(草皮)(m^2)	籽(树、草)(kg)
4	1	黏土压盖					3814.08			
5	2	植物防护工程					1263.80			6319
6	3	绿化美化工程					154.70	16675		
7	4	合计					5232.58	16675		6319

分部工程概算 / 工程量汇总 / 单价 / 机械价汇总 / 材料量汇总 / 工时

(1)计算柴油用量。柴油为施工机械所用,计算式为:

柴油用量=∑工程量(定额单位)×1个定额施工机械台时用量×施工机械1个台时的用油量

①计算黏土压盖的柴油用量。激活 G4 单元格,输入"=工程量汇总! $D$5/100*单价! $D$10*机械价汇总! $F$5",确认后,即显示出黏土压盖的柴油用量。②计算植物防护工程的柴油用量。激活 G5 单元格,输入"=工程量汇总! $E$6*单价! $D$25*机械价汇总! $F$6",确认后,即可得出计算结

果。③计算绿化美化工程柴油用量。激活 G6 单元格,输入"=工程量汇总! $E$7*单价! $D$25*机械价汇总! $F$6",确认后,即可获得计算结果。④激活 G7 单元格,输入"=SUM(G4:G6)",确认后,即可获得柴油用量合计。

(2)汇总苗木与草籽数量。可直接由分部工程概算表调入。

3.5.3 主体工程工时汇总表

工时数=主体工程量(定额单位)×1 个定额用工工时数

《规定》的表格形式见表 3-34。

表 3-34 主体工程工时汇总表

C9 = =SUM(C3:C8)

	A	B	C	D
1	主体工程工时汇总表			
2	序号	工程项目	工时数量	备注
3	1	削坡开级	4707.62	
4	2	排水渠开挖	820678.66	
5	3	黏土压盖	88849.25	
6	4	水平犁沟整地	4113.65	
7	5	条播沙打旺	19336.14	
8	6	栽植油松苗	1167.25	
9	合 计		938852.57	

机械价汇总 / 材料量汇总 / 工时汇总

计算步骤如下:

(1)计算黏土压盖工时量。激活 C5 单元格,输入"=工程量汇总! $D$5/100*单价! $D$7",确认,即可。

(2)计算水平犁沟整地工时量。激活 C6 单元格,输入"=工程量汇总! $E$8*单价! $D$23",确认,即可。

削坡开级、排洪渠开挖、植物防护工程和绿化美化工程的单价表，书中省略未列，其工时量计算方法与黏土压盖相同。

(3)计算工时总量。激活 C9 单元格，输入“= SUM(C3:C8)”，确认，即可。

3.6 概算文件

《规定》开发建设项目水土保持工程的概算文件包括编制说明、概算表和附件三部分。

3.6.1 编制说明

编制说明包括以下内容：

3.6.1.1 工程概况

水土保持工程建设地点、工程布置形式、工程措施工程量、植物措施工程量、主要材料用量、施工总工期、施工总工时、施工平均人数。

3.6.1.2 工程投资主要指标

水土保持工程总投资、静态总投资、年度价格指数、预备费及其占总投资百分比等。

3.6.1.3 编制原则和依据

(1)概算编制的原则和依据；

(2)人工、主要材料，施工用水、电、风、砂石料，苗木、草、种子预算价格的计算依据；

(3)主要设备价格的编制依据；

(4)采用概算定额、施工机械台时费定额和其他有关指标的依据；

(5)费用计算的标准及依据。

3.6.1.4 概算编制中存在的其他应说明的问题(略)

3.6.2 概算表

包括概算表及概算附表，表的装订次序为：

3.6.2.1　**概算表**

(1)总概算表;

(2)工程措施概算表;

(3)植物措施概算表;

(4)施工临时工程概算表;

(5)独立费用概算表;

(6)分年度投资表。

以上(2)~(5)属分部工程概算。

3.6.2.2　**概算附表**

(1)工程单价汇总表;

(2)主要材料预算价格汇总表;

(3)次要材料预算价格汇总表;

(4)施工机械台时费汇总表;

(5)主体工程主要工程量汇总表;

(6)主要工程主要材料用量汇总表;

(7)工时数量汇总表。

3.6.3　概算附件

概算附件包括下列内容,单独成册,随概算报审。

(1)人工预算单价计算表;

(2)主要材料运杂费计算表;

(3)主要材料预算价格计算表;

(4)施工用电价格计算书;

(5)施工用水价格计算书;

(6)补充施工机械台时费计算书;

(7)砂石料单价计算书;

(8)混凝土材料单价计算表;

(9)工程措施单价计算表;

(10)植物措施单价计算表;

(11)独立费用计算书;

(12)分年度投资计算表。

【练习题 3-7】 用 1.0m^3 挖掘机在露天挖Ⅲ级土,装 8t 自卸汽车运输,运距 6.5km,作单价。

已知:人工工资 1.5 元/工时,柴油 3 600 元/t。

计算所用概算定额和施工机械台时费定额如附表 3-1、附表 3-2 所示。

附表 3-1 1.0m^3 挖掘机挖装自卸汽车运输(摘录)

工作内容:挖装、运输、自卸、空回。

单位:100m^3 自然方

项目	单位	运距(km)						每增运1km
		0.5	1	2	3	4	5	
人工	工时	5.4	5.4	5.4	5.4	5.4	5.4	
零星材料费	%	5	5	5	5	5	5	
挖掘机 1.0m^3	台时	1.07	1.07	1.07	1.07	1.07	1.07	
推土机 59kW	台时	0.54	0.54	0.54	0.54	0.54	0.54	
自卸汽车 8t	台时	4.48	5.84	8.12	9.60	11.43	12.67	1.94
定额编号		01204	01205	01207	01209	01210	01211	01212

【练习题 3-8】 设例 3-5 的工程在十类工资地区,计算其总投资。

提示:分析分部工程概算表,找出作哪些工程单价,根据单价确定需计算哪些基础单价。

【练习题 3-9】 分析价差预备费和建设期融资利息的 Excel 计算过程,能否设计出另外的计算过程。

附表 3-2　施工机械台时费定额

项目		单位	液压单斗挖掘机	推土机	自卸汽车
			斗容(m^3)	功率(kW)	载重量(t)
			1.0	59	8
(一)	折旧费	元	35.63	10.80	22.59
	修理及替换设备费	元	25.46	13.02	13.55
	安装拆卸费	元	2.18	0.49	
	小计	元	63.27	24.31	36.14
(二)	人工	工时	2.7	2.4	1.3
	柴油	kg	14.9	8.4	10.2
定额编号			1006	1030	3013

4 水土保持生态建设工程概算电算编制

4.1 编制依据及费用构成

4.1.1 编制依据

水土保持生态建设工程概(估)算的编制,应依据下列文件:

(1)工程设计图纸和有关资料。设计概算应依据工程的初步设计,投资估算应依据可行性研究报告。

(2)工程概(估)算编制规定。中央投资、中央补助、地方投资或其他投资的水土保持生态建设工程应按水利部颁发的《水土保持工程概(估)算编制规定》(2003 年 1 月 25 日)进行。

(3)《水土保持工程概算定额》(水利部 2003 年 1 月 25 日颁布)。

(4)国家和工程所在省、自治区、直辖市颁布的设备、材料价格。

(5)其他有关资料。

4.1.2 费用构成

水土保持生态建设工程费用由工程措施费、林草措施费、封育治理措施费、独立费用和预备费构成。

工程措施、林草措施设一、二、三级项目。封育治理措施设一、二级项目。三级项目或二级项目的费用由直接费、间接费、企业利润和税金组成。直接费由基本直接费和其他直接费组成,基本直接费包括人工费、材料费和机械使用费。

独立费用包括建设管理费、工程建设监理费、科研勘测设计费、征地及淹没补偿费、水土流失监测费和工程质量监督费六项,设一、二级项目。

预备费包括基本预备费和价差预备费。

项目划分请参阅《规定》。

4.2 基础单价计算

水土保持生态建设工程的基础单价包括人工工资、材料预算价格、林草(籽)预算价格、施工机械使用费。

4.2.1 人工工资

《规定》给出了人工工资的上下限。

(1)工程措施。1.5~1.9元/工时。

(2)林草措施与封育治理措施。1.2~1.5元/工时。

地区类别高、工程复杂取高限,地区类别低、工程不复杂取低限。

用Excel编制概算时,应根据地区类别高低和工程复杂程度预先在《规定》的上下限之间确定出人工工资,并输入Excel工作表,以备调用。见表4-1。

4.2.2 材料预算价格

4.2.2.1 主要材料价格

按下式计算:

主要材料价格=[原价(当地供应部门的材料价或市场价)+运杂费]×(1+采购及保管费费率)

采购及保管费率为1.5%~2.0%(工程措施)或1.0%(林草措施、封育治理措施)。

用Excel计算,将确定的采购保管费费率输入表4-1。

表 4-1 基础数据

D15 = 1

	A	B	C	D	E	F	G
1	人工工资标准						
2	序号	措施类别	工资标准(元/工时)				
3	1	工程措施	1.5				
4	2	林草措施	1.2				
5	3	封育治理措施	1.2				
6	风、水、电价格						
7	序号	材料类别	价格				
8	1	风	0.12元/m³				
9	2	水	1元/m³				
10	3	电	0.6元/(kW·h)				
11	费率标准						
12	序号	措施类别	采购及保管费率(%)	其他直接费率(%)	间接费率(%)	企业利润费率(%)	税率(%)
13	1	工程措施	2	3	5	3	3.22
14	2	林草措施	1	1.50	5	2	3.22
15	3	封育治理措施	1	1	4	2	3.22

基础数据 / 材料价格 / 机械价 / 单价 / 单价汇总 / 独立费用 / 切

【例 4-1】 计算八类地区某水土保持生态建设工程的柴油价格,已知原价 3 465.0 元/t,运杂费 48.0 元/t。

解:用《规定》的主要材料预算价格汇总表计算,见表 4-2。

表 4-2 主要材料预算价格汇总表

G5 = =(E5+F5)*1/100

	A	B	C	D	E	F	G
1	序号	名称及规格	单位	预算价格	其中		
2					原价	运杂费	采购及保管费
3	1	柴油	t	3583.26	3465.00	48.00	70.26
4	2	沙打旺草籽	kg	11.98	11.80	0.06	0.12
5	3	刺槐树苗	株	1.50	1.45	0.04	0.01

基础数据 / 材料价格 / 机械价 / 单价 / 单价汇总 / 独立费

计算步骤如下：

(1)键盘输入 E、F 列数据。

(2)计算采购及保管费。激活 G3 单元格，输入“=(E3+F3)*基础数据！ $C$13/100”，确认后，G3 单元格即显示出柴油的采购及保管费。以下各行材料可用同法求出其采购及保管费。

(3)计算预算价格。激活 D3 单元格，输入“=SUM(E3:G3)”，确认后，D3 单元格即显示出柴油的预算价格。以下各行材料预算价格可用下拉法求出。

4.2.2.2 砂、石料价格

按当地购置价或自采价计算。购置价超过 70 元/m^3 的部分计取税金后列入相应部分之后。

自采砂、石料的价格计算，参阅 3。

4.2.2.3 电、水、风价

《规定》给出了电、水、风价。

(1)电价：0.6 元/(kW·h)，或根据当地实际电价计算。

(2)水价：1.0 元/m^3，或根据实际供水方式计算。

(3)风价：0.12 元/m^3。

将《规定》的或根据实际确定的电、水、风价输入表 4-1，以备调用。

4.2.3 林草(籽)预算价格

计算式如下：

林草(籽)预算价格=(当地市场价格+运杂费)×(1+采购及保管费率)

《规定》中采购及保管费率为 0.5%～1%。将确定的采购及保管费率输入表 4-1。

林草(籽)预算价格计算可直接用《规定》的主要材料、林草(种子)预算价格汇总表，见表 4-2。

4.2.4 施工机械使用费(台时费)

按《概算定额》附录中的施工机械台时费定额计算。

施工机械台时费由(一)类费用和(二)类费用构成。(一)类费用包括折旧费、修理及替换设备费、安装拆卸费,定额给出了货币值。(二)类费用包括人工、动力燃料,定额给出的是定额用量。

计算施工机械台时费分两步进行:第一步,计算(二)类费用;第二步,将(一)、(二)类费用汇总。

【例 4-2】 计算 55kW 推土机、55kW 拖拉机、陕西 20 型水枪、40kW 多级离心水泵的台时费。

解:计算(二)类费用的过程见表 4-3。

表 4-3 施工机械台时费(二)类费用计算表

P7 = 25.95

施工机械台时费（二）类费用计算表

序号	定额编号	机械名称及规格	人工 定额(工时)	人工 费用(元)	柴油 定额(kg)	柴油 费用(元)	汽油 定额(kg)	汽油 费用(元)	电 定额(kg)	电 费用(元)	风 定额(kg)	风 费用(元)	水 定额(kg)	水 费用(元)	合计(元)
1	1029	55kW推土机	2.4	3.60	7.9	28.31									31.91
2	1044	55kW拖拉机	2.4	3.60	7.4	26.52									30.12
3	1112	陕西20型水枪	1.0	1.50											1.50
4	8013	40kW多级离心水泵	1.3	1.95					40	24.00					25.95
5		……													

基础数据 / 材料价格 / 机械价 / 单价 / 单价汇总 / 独立费用 / 价差费 / 分部概算 / 分年度投资

计算步骤如下:

(1)计算人工费。激活 E4 单元格,输入“=D4 * 基础数据! $C$3”,确认后,E4 单元格即显示出 55kW 推土机的人工费。同法求出其他机械的人工费。

(2)计算柴油费。激活 G4 单元格,输入“=F4 * 材料价! $D$3/1 000”,确认后,G4 单元格即显示出 55kW 推土机的柴油费,同法可求出其他机械的柴油费。

同法可求出其他动力燃料费。

(3)计算(二)类费用合计。激活 P4 单元格,输入“= E4 + G4 + I4 + K4 + M4 + O4”,确认后,P4 单元格即显示出 55kW 推土机的(二)类费用合计。

用下拉法可求出其他机械的(二)类费用合计。

【练习题 4-1】 计算 40kW 多级离心水泵的(二)类费用。

(一)、(二)类费用应汇入《规定》的施工机械台时费汇总表。见表 4-4。表 4-4 与表 4-3 最好做在一张表上,即两表的行相连接。

表 4-4 施工机械台时费汇总表 单位:元

H15 = 24

	A	B	C	D	E	F	G	H
10	序号	名称及规格	台时费					
11				折旧费	修理及替换设备费	安拆费	人工费	动力燃料费
12	1	55kW推土机	51.99	7.14	12.50	0.44	3.60	28.31
13	2	55kW拖拉机	38.70	3.80	4.56	0.22	3.60	26.52
14	3	陕西20型水枪	3.65	0.63	1.52		1.50	
15	4	40kW多级离心水泵	38.94	2.53	7.83	2.63	1.95	24.00
16	5	……						

基础数据 / 材料价 / 机械价 / 单价 / 单价汇总 / 分部概算

表 4-4 中的折旧费、修理及替换设备费、安拆费费用是《台时费定额》中数字,用键盘输入。人工费、动力燃料费由表 4-3 调入。如调入 55kW 推土机的人工费时,激活 G12 单元格,输入 =,鼠标指针先点击机械价标签,表 4-3 出现,再单击 E4 单元格,确认(按 Enter 键)后,表 4-4 自动返回,人工费即调入,同法可以调入其他机械的人工费和动力燃料费。

【练习题 4-2】 将各机械的人工费、动力燃料费调入表 4-4。

4.3 单价编制

水土保持生态建设工程单价按工程措施、林草及封育治理措施单价和设备安装工程单价两类计算。

4.3.1 工程措施、林草及封育治理措施单价

措施单价由直接费、间接费、企业利润和税金构成。直接费包括基本直接费和其他直接费。

4.3.1.1 直接费

直接费=基本直接费+其他直接费

基本直接费=人工费+材料费(林草及封育治理措施中不包括苗木、草及种子费)+机械使用费

其他直接费=基本直接费×其他直接费费率

计算林草及封育治理措施的基本直接费时,苗木、草及种子费不进入材料费,仅用做计算其他材料费的基础。

《规定》的其他直接费费率为:工程措施为3.0%~4.0%(梯田工程为2%,设备及安装工程和其他工程不计其他直接费);林草措施为1.5%;封育治理措施为1.0%。

4.3.1.2 间接费

间接费=直接费×间接费费率

《规定》的间接费费率:工程措施为5%~7%(梯田工程、机械固沙工程、谷坊、水窖工程取下限,治沟骨干工程、蓄水池工程、小型蓄排、引水工程取上限。设备及安装工程及其他工程不计间接费);林草措施为5%(育苗棚、管护房、水井不计间接费);封育治理措施为4%。

4.3.1.3 企业利润

企业利润=(直接费+间接费)×企业利润率

《规定》的企业利润率:工程措施为3%~4%(设备安装工程、其他工程不计利润);林草措施为2%(育苗棚、管护房、水井不计利润);封育治理措施为1%~2%。

4.3.1.4 **税金**

税金=(直接费+间接费+企业利润率)×税率

《规定》的税率为3.22%。

用Excel计算单价时,应按工程实际情况,对有上、下限的费率,确定出使用费率。输入表4-1,以备调用。

【例4-3】 八类地区某地用水力冲原状土填筑淤地坝,作单价分析(用于概算)。

解:查《概算定额》一-32节水力冲填淤地坝,定额编号01322,作单价分析,列入表4-5。

计算步骤如下:

(1)D列数量由《概算定额》查得,用键盘输入,各费费率由基础数据表调入。单价由基础数据表和施工机械台时费汇总表调入。

(2)计算人工、机械费。激活F6单元格,输入"=D6*E6",确认后,F6单元格即显示出人工费(合计)。用下拉法求出各机械费(合计)。激活F8单元格,输入"=SUM(F9:F12)",确认后,F8单元格即显示出机械费(合计)。

(3)计算零星材料费。激活F7单元格,输入"=(F6+F8)*D7/100",确认后,F7单元格即显示出零星材料费。

(4)计算基本直接费。激活F5单元格,输入"=SUM(F6:F8)",确认后,F5单元格即显示出基本直接费。

(5)计算其他直接费。激活F13单元格,输入"=F5*D13/100",确认后,F13单元格即显示出其他直接费。

(6)计算直接费。激活F4单元格,输入"=F5+F13",确认后,F4单元格即显示出直接费。

表 4-5　单价分析表

F17 = 493.92

	A	B	C	D	E	F
1	定额编号：01322　水力冲填淤地坝工程 定额单位：100m³实方					
2	工作内容：筑边埂、水力冲填土方、排水、清基、挖造泥沟、输泥渠、削坡、清坝肩及结合槽土方					
3	序号	名称及规格	单位	数量	单价(元)	合计(元)
4	一	直接费				442.45
5	1	基本直接费				429.56
6	(1)	人工费	工时	59.0	1.50	88.50
7	(2)	零星材料费	%	7		28.10
8	(3)	机械使用费				312.96
9		推土机55kW	台时	2.43	51.99	126.34
10		拖拉机55kW	台时	0.53	38.70	20.51
11		陕西20型水枪	台时	3.9	3.65	14.24
12		多级离心水泵40kW	台时	3.9	38.94	151.87
13		其他直接费	%	3		12.89
14	二	间接费	%	5		22.12
15	三	企业利润	%	3		13.94
16	四	税金	%	3.22		15.41
17	合计					493.92

机械价　单价　单价汇总　分部概算　独立费用

(7)计算间接费。激活 F14 单元格，输入"= F4 * D14/100"，确认后，F14 单元格即显示出间接费。

(8)计算企业利润。激活 F15 单元格，输入"=(F4 + F14) * D15/100"，确认后，F15 单元格即显示出企业利润。

(9)计算税金。激活 F16 单元格，输入"=(F4 + F14 + F15) *

D16/100”,确认后,F16 单元格即显示出税金。

(10)计算单价。激活 F17 单元格,输入“= F4 + SUM(F14:F16)”,确认后,F17 单元格即显示出合计(即单价)。

【例 4-4】 八类地区某水土保持工程林草措施撒播沙打旺覆土,求单价。

解:查《概算定额》08057 子目。计算见表 4-6。

表 4-6 单价分析表

F37 = =(F35+F36)*D37/100

	A	B	C	D	E	F
18	定额编号: 08057		撒播		定额单位: hm^2	
19	序号	工程名称	单位	数量	单价(元)	合计(元)
20	一	直接费				103.48
21	(一)	基本直接费				101.95
22	1	人工费	工时	60.0	1.2	72.00
23	2	沙打旺草籽	kg	50.0	11.98	599.00
24	3	其他材料费	%	5		29.95
25	(二)	其他直接费	%	1.5		1.53
26	二	间接费	%	5		5.17
27	三	企业利润	%	2		2.17
28	四	税金	%	3.22		3.57
29	合计					114.39

基础数据 / 材料价 / 机械价 / 单价 / 单价汇总

表 4-6 计算方法与表 4-5 基本相同,但需注意不同之处:

(1)表 4-6 中的撒播种草属林草措施,因此其他直接费费率、间接费费率、企业利润率、税率应按林草措施取值。

(2)草籽费在计算其他材料后,不进入撒播基本直接费。草籽费作为三级项目,在作分部工程概算时,单独列项。

【例 4-5】 作补植地径 0.6cm 刺槐树苗的单价。

解:查《概算定额》08083 子目。工、料定额用量和各种费率输入表 4-7。

表 4-7　单价分析表

F37　=(F35+F36)*D37/100

	A	B	C	D	E	F
30	定额编号:08083 补植刺槐树苗 定额单位:100株					
31	序号	工程名称	单位	数量	单价(元)	合计(元)
32	一	直接费				16.63
33	(一)	基本直接费				16.47
34	1	人工费	工时	7.0	1.2	8.4
35	2	刺槐	株	102	1.5	153.00
36	3	水	m^3	0.4	1.0	0.4
37	4	其他材料费	%	5		7.67
38	(二)	其他直接费	%	1		0.16
39	二	间接费	%	4		0.67
40	三	企业利润	%	2		0.35
41	四	税金	%	3.22		0.57
42		合计				18.22

基础数据 / 材料价 / 机械价 / 单价 / 单价汇总

补植刺槐树苗属封育治理措施,各费率应按封育治理措施取值。同样,刺槐树苗费用不计入补植单价,只作计算其他材料费的基础。

【练习题 4-3】 用 Excel 计算表 4-7,求补植刺槐树苗的单价。

4.3.2　安装工程单价

安装工程单价包括直接费、间接费、企业利润和税金,统一按设备费的百分率计算。计算式如下:

设备安装费 = 设备费 × 安装费率

《规定》的安装费率：排灌设备为6%，监测设备为10%。

4.3.3 单价汇总

《规定》的单价汇总表表格形式见表4-8。

表4-8 单价汇总表

D3	=SUM(E3:H3)						
A	B	C	D	E	F	G	H
单价汇总表							单位：元
序号	工程名称	单位	单价	直接费	间接费	企业利润	税金
1	水力冲填淤地坝	$100m^3$	493.92	442.45	22.12	13.94	15.41
2	撒播沙打旺草籽	hm^2	114.39	103.48	5.17	2.17	3.57
3	补植刺槐树苗	100株	18.22	16.63	0.67	0.35	0.57
	……						

基础数据 / 材料价 / 机械价 / 单价 / 单价汇总 / 分部概算

单价汇总最好用调入方法。

【练习题4-4】 用调入方法编制表4-8。

4.4 概算编制

水土保持生态建设工程概算包括分部工程概算、分年度投资和总概算三项内容。

4.4.1 分部工程概算

水土保持生态建设工程包括工程措施、林草措施、封育治理措施和独立费用四个部分和预备费。各部分的概算称分部工程概算。分部工程概算《规定》列至三级项目，无三级项目的列至二级项目。

各分部工程概算的编制方法分述于后。

第一部分　工程措施

(1)土建工程费(其他工程除外)=∑设计工程量×计算单价

(2)其他工程费=∑设计数量×扩大单位指标

(3)设备费=∑设备数量×设备预算价格

设备、仪器及工具名称、规格和数量由设计确定。

设备预算价格由设备原价、运杂费、采购及保管费和运输保险费构成。

①设备原价。设备出厂价或设计单位分析论证后的咨询价。

②运杂费。由工厂运到工地的运输装卸等费用。《水利工程设计概(估)算编制规定》运杂费按占设备原价的百分率计算。其他设备(水轮发电机组、主阀、桥机、主变压器、大型设备以外的设备)的运杂费率见表4-9,供参考。

表4-9　其他设备运杂费费率表

类别	适用地区	费率(%)
Ⅰ	北京、天津、上海、江苏、浙江、江西、安徽、湖北、湖南、河南、广东、山西、山东、河北、陕西、辽宁、吉林、黑龙江等省、直辖市	4~6
Ⅱ	甘肃、云南、贵州、广西、四川、重庆、福建、海南、宁夏、内蒙古、青海等省、自治区、直辖市	6~8
Ⅲ	新疆、西藏	视情况定

工程地点距铁路线近者费率取小值,远者取大值。

运杂费=设备原价×运杂费率

③运输保险费。运输保险费=设备原价×运输保险费率。运输保险费率按有关规定。

④采购及保管费。采购及保管费=(原价+运杂费)×采购及保管费率。采购及保管费费率0.7%。

由此,设备费可按下式计算:

设备费＝设备原价×[运杂费率＋(1＋运杂费率)×采购及保管费率＋运输保险费率]

令　运杂综合费率＝运杂费率＋(1＋运杂费率)×采购及保管费率＋运输保险费率

则　设备费＝设备原价×运杂综合费率

设Ⅱ类地区运杂费取7%,运输保险费率为0.45%,采购及保管费率为0.7%,则

运杂综合费率＝7%＋(1＋7%)×0.7%＋0.45%＝8.199%

设备费＝设备原价×8.199%

计算设备费,应用《规定》的表格形式,见表4-10。

表4-10　设备、仪器及工具购置表

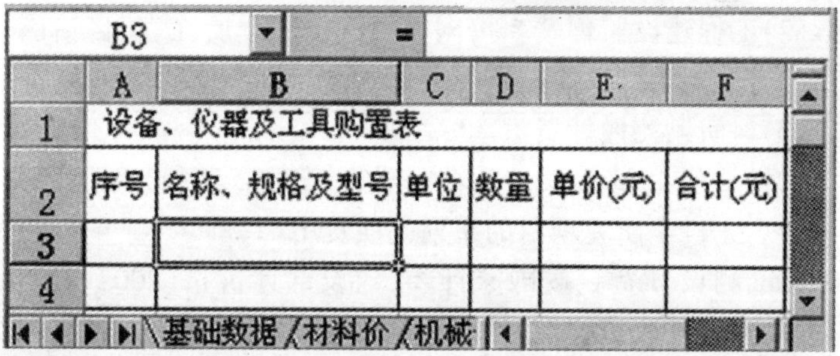

	A	B	C	D	E	F
1	设备、仪器及工具购置表					
2	序号	名称、规格及型号	单位	数量	单价(元)	合计(元)
3						
4						

B3　=

基础数据 / 材料价 / 机械

用Excel计算时,先输入A～D列数据,将设备预算价格输入E列,然后激活F3单元格,输入"＝D3＊E3",确认后,即显示出(费用)合计。用下拉方法求出其他设备的(费用)合计。最后用SUM函数求出设备总费用。

(4)安装工程费＝设备费×费率

第二部分　林草措施

(1)种子、苗、树、草购置费＝∑设计数量×预算单价

(2)苗、树、草栽植费＝∑设计数量×计算单价

计算单价是由概算定额做出的单价(下同)。

(3)抚育费 = ∑设计抚育量×计算单价

(4)育苗棚、管护房、水井费 = ∑设计数量×扩大指标

第三部分　封育治理措施

(1)补植草、树、籽费 = ∑设计数量×计算单价

(2)草、树、籽购置费 = ∑设计数量×预算价格

(3)拦护设施费 = ∑设计工程量×计算单价

第四部分　独立费用

(1)建设管理费。

①项目经常费 = (第一至第三部分之和)×(0.8%~1.6%)

②技术支持培训费 = (第一至第三部分之和)×(0.4%~0.8%)

(2)工程建设监理费。按国家及建设工程所在省、自治区、直辖市的有关规定计算。国家规定见3.4。

(3)科研勘测设计费。

①科学研究试验费 = (第一至第三部分之和)×(0.2%~0.4%)。无科学研究项目的不列此项费用。

②勘测设计费。按国家计委、建设部计价格[2002]10号文《工程勘察设计收费标准》计算。参阅3.4。

(4)征地及淹没补偿费 = ∑建设及施工占地面积×补偿标准 + ∑地面附属物数量×补偿标准

(5)水土流失监测费 = (第一至第三部分之和)×(0.3%~0.6%)

(6)工程质量监督费。按国家及建设工程所在省、自治区、直辖市的有关规定计算。国家规定见3.4。

分部工程概算,《规定》有固定的表格形式,举例如下:

【例4-6】　八类地区某水土保持生态建设工程修1座水力冲填淤地坝199 865.0m^3,水土保持种草工程撒播沙打旺578.66 hm^2,封育治理补植刺槐树苗324 000株,建设征地及淹没土地

8亩,当地征地价8 500元/亩,作分部工程概算。

解:分部工程概算中的独立费用,须用一至三部分的合计作计算基数。《规定》独立费用有固定的表格。因此,计算分部工程概算须与独立费用计算交叉进行。

计算过程见表4-11。

表4-11 分部工程概算表

F30 = =F28+F29

	A	B	C	D	E	F
1	分部工程概算表					
2	序号	工程或费用名称	单位	数量	单价(元)	合计(元)
3		第一部分 工程措施				987333.10
4	一	小型蓄排、引水工程				
5	1	淤地坝				
6		水力冲填	m^3	199865.00	4.94	987333.10
7		第二部分 林草措施				412810.26
8	一	水土保持种草工程				
9		种植				
10		撒播沙打旺	hm^2	578.66	114.39	66192.92
11		沙打旺草籽	kg	28933.00	11.98	346617.34
12		第三部分 封育治理措施				544320.00
13	一	补植				
14	1	栽植刺槐树苗	株	324000.00	0.18	58320.00
15	2	刺槐树苗	株	324000.00	1.50	486000.00
16		一至三部分合计				1944463.36
17		第四部分 独立费用				245991.90
18	一	建设管理费				
19	1	项目经常费				23333.56
20	2	技术支持培训费				11666.78
21	二	工程建设监理费				48611.58
22	三	科研勘测设计费				84889.39
23	四	征地及淹没补偿费				68000.00
24	五	水土流失监测费				8750.09
25	六	工程质量监督费				740.50
26		一至四部分合计				2190455.26
27		基本预备费				65713.66
28		静态总投资				2256168.92
29		价差预备费				93211.20
30		工程总投资				2349380.12

材料价 / 机械价 / 单价 / 设备费 / 分部概算 / 总概算 / 独立费

计算步骤如下:

(1)输入一至三部分的 A~D 列数据。

(2)由单价汇总表(表 4-8)调入一至三部分的单价(E 列)。

(3)计算三级项目的费用,用 D 单元格乘以 E 单元格求出 F 单元格的数值。例如:激活 F6 单元格,输入"=D6 * E6",确认后,F6 单元格即显示出淤地坝的费用。其他步骤从略,读者可练习计算。

(4)计算一至三部分合计。激活 F16 单元格,输入"=F3+F7+F12",确认后,F16 单元格即显示出一至三部分合计。

(5)计算独立费用。按《规定》的独立费用计算表进行,见表 4-12。

表 4-12　独立费用计算表

D43　=　=987333.1*0.075%

	A	B	C	D
31	独立费用计算表			
32	序号	费用名称	编制依据及计算公式	金额(元)
33	一	建设管理费		
34	1	项目经常费	1944463.36*1.2%	23333.56
35	2	技术支持培训费	1944463.36*0.6%	11666.78
36	二	工程建设监理费	1944463.36*2.5%	48611.58
37	三	科研勘测设计费		
38	1	科研试验费	1944463.36*0.3%	5833.39
39	2	勘测费	90000*0.5*1*(1-10%)	40500.00
40	3	设计费	90000*0.8*0.85*0.7*(1-10%)	38556.00
41	四	征地及淹没补偿费	8500*8	68000.00
42	五	水土流失监测费	1944463.36*0.45%	8750.09
43	六	工程质量监督费	987333.10*0.075%	740.50

机械价 / 单价 / 单价汇总 / 分部概算 / 独立费用 / 价差费

结合实地情况,独立费费率均取《规定》的平均值。

项目经常费　　　　1.2%

技术培训费　　　　　0.6%
科研试验费　　　　　0.3%
水土流失控制费　　　0.45%

一至三部分合计为 194.45 万元，按表 3-23 确定工程建设监理费的费率为 2.5%，勘测设计的基本费为 9.0 万元。勘测的专业调整系数为 0.5，工程复杂程度调整系数为 1.0，设计的专业调整系数为 0.8，工程复杂程度调整系数为 0.85，附加调整系数为 0.7。勘测设计的浮动值均取 -10%。

将表 4-11 中的 F16 单元格的数字（一至三部分合计）调入表 4-12中的 C34、C35、C36、C38、C42，将表 4-11 中的 F3 单元格的数字（即建安工作量）调入表 4-12 的 C43。并将各项的费率输入 C 列相应的单元格，构成计算式。

在表 4-12 的 C39、C40、C41 各单元格分别输入勘测费、设计费和征地及淹没补偿费的计算式。

由表 4-11 可知建安工作量为 987 333.10 元，工程质量监督费费率取平均值 0.75‰。

以下即可开始计算：

激活 D34 单元格，输入“=1 944 463.36 * 1.2/100”，确认后，D34 单元格即显示出项目经常费用。同法可求出技术支持培训费、工程建设监理费、水土流失监测费、工程质量监督等费用。

激活 D39 单元格，输入“=90 000 * 0.5 * 1 * (1 - 10/100)”，即可求出勘测费。同法可求出设计费。

【练习题 4-5】 计算表 4-12 中其他各项费用。

(6)将独立费用调入表 4-11，并计算出其合计。激活 F17 单元格，输入“=SUM(F19:F25)”，确认后，在 F17 单元格即显示出独立费用合计。

(7)计算一至四部分合计。激活 F26 单元格，输入“=F16 + F17”，确认后，在 F26 单元格即显示出一至四部分合计。

(8)计算基本预备费。激活 F27 单元格，输入“= F26 * 3/100”，确认后，在 F27 单元格即显示出基本预备费。

(9)计算静态总投资。激活 F28 单元格，输入“= F26 + F27”，确认后，在 F28 单元格即显示出静态总投资。

(10)计算价差预备费。以物价指数为 2% 为例，计算过程见表 4-13。

表 4-13　价差预备费计算表

D3　=B3*(C3-1)

	A	B	C	D
1	价差预备费计算表			单位：万元
2	施工年度	年度静态总投资	$(1+p)^n$	价差预备费
3	1	69.474	1.02	1.389480
4	2	78.086	1.0404	3.154674
5	3	78.055	1.0612	4.776966
6	总计			9.321120

单价 / 单价汇总 / 独立费用 / 价差费 / 分部概算

【练习题 4-6】　参阅表 3-29，设计出用 Excel 计算的步骤，并计算表 4-13。

(11)计算工程总投资。激活 F30 单元格，输入“= F28 + F29”，即可求出工程总投资。

4.4.2　分年度投资

分年度投资列至一级项目，单位为万元，各年的投资按施工进度安排确定。例 4-6 所示工程的总工期三年。

第一年完成科研试验、勘测和征地工作，并完成淤地坝 20% 的工作量，第二、三年各完成淤地坝 40% 的工作量，其余工作在第

一、二、三年平均完成。

依此所作的分年度投资见表4-14。

表4-14 分年度投资表

B19 = =B17+B18

	A	B	C	D	E
1	分年度投资表				单价：万元
2	工程及费用名称	合计	建设工期年		
3			1	2	3
4	第一部分 工程措施				
5	小型蓄水、引水工程	98.73	19.746	39.492	39.492
6	第二部分 林草措施				
7	水土保持种草工程	41.28	13.76	13.76	13.76
8	第三部分 封育治理措施				
9	补植刺槐树苗	54.43	18.14	18.15	18.14
10	第四部分 独立费用				
11	建设管理费	3.50	1.16	1.18	1.16
12	工程建设监理费	4.86	1.62	1.62	1.62
13	科研勘测费	8.49	5.91	1.29	1.29
14	征地及淹没补偿费	6.80	6.80		
15	水土流失监测费	0.88	0.29	0.295	0.295
16	工程质量监督费	0.074	0.024	0.025	0.025
17	一至四部分合计	219.044	67.450	75.812	75.782
18	基本预备费	6.571	2.024	2.274	2.273
19	静态总投资	225.615	69.474	78.086	78.055

独立费用 / 价差费 / 分部概算 / 分年度投资 / 总

计算步骤如下：

(1)由分部工程概算表调入B列数据。

激活B5单元格，输入“=分部概算！ $F$6/10 000”，确认后，在B5单元格即显示出小型蓄水、引水工程的费用合计。

同法，可以调入B列其他单元格的费用。

(2)计算各年度投资。①小型蓄水、引水工程投资的年度分配。激活 C5 单元格，输入“= B5 * 20/100”，确认；激活 D5 单元格，输入“= B5 * 40/100”，确认；激活 E5 单元格，输入“= B5 * 40/100”，确认；即可求出小型蓄水、引水工程投资的年度分配(以下简称“确认，即可”)。②水土保持种草工程投资的年度分配。激活 C7 单元格，输入“= B7/3”，确认，即可。③同法可求得补植刺槐树苗、建设管理费、水土流失监测费、工程质量监督费的年度分配。④科研勘测设计费的年度分配。激活 C13 单元格，输入“=(独立费用！ $D$38 + 独立费用！ $D$39 + 独立费用！ $D$40/3)/10 000”，确认，即可。激活 D13 单元格，输入“=(B13 - C13)/2”确认，即可；激活 E13 单元格，输入“(B13 - C13)/2”，确认，即可。

(3)计算一至四部分合计，计算基本预备费，计算静态总投资。

【练习题 4-7】 计算表 4-14 的静态总投资的年度分配。

4.4.3 总概算

总概算是在分部工程概算的基础上汇总到一级项目。

例 4-6 的总概算见表 4-15。

总概算须按建安工程费、林草工程费、设备费和独立费用分类汇总。

(1)建安工程费、栽植费、林草及种子费。第一部分中的工程措施和第二部分中的整地、第三部分中的拦护设施均属建安工程。第二、三部分中的栽(种)植、补植则属于栽植，草(种子)、苗木等则属于林草及种子。

(2)设备费。由设备、仪器及工具购置表调入。

(3)独立费用。由分部工程概算表调入。

4.5 主要材料量汇总

《规定》要求在编制水土保持生态建设工程概算时，须作出主

表 4-15　总概算表

H21 ▼ = =H19+H20

	A	B	C	D	E	F	G	H
1	总概算表							单位：万元
2	序号	工程费用及名称	建安工程费	林草工程费		设备费	独立费用	合计
3				栽植费	林草及种子费			
4		第一部分 工程措施	98.73					98.73
5	一	小型蓄水、引水工程	98.73					98.73
6		第二部 分林草措施		6.62	34.66			41.28
7	一	水土保持造林工程		6.62	34.66			41.28
8		第三部分 封育治理措施		5.83	48.60			54.43
9	一	补植		5.83	48.60			54.43
10		第四部分 独立费用						24.60
11	一	建设管理费					3.50	3.50
12	二	工程建设监理费					4.86	4.86
13	三	科研勘测设计费					8.49	8.49
14	四	征地及淹没补偿费					6.80	6.80
15	五	水土流失监测费					0.88	0.88
16	六	工程质量监督费					0.07	0.07
17		一至四部分合计						219.04
18		基本预备费						6.57
19		静态总投资						225.61
20		价差预备费						9.32
21		工程总投资						234.93

独立费用 / 价差费 / 分部概算 / 分年度投资 / 总概算表

要材料量汇总表。

主要材料量汇总表是将各项工程项目所需的水泥、钢筋、木材、炸药、柴油、林草、种子、化肥等主要材料汇总。汇总须先计算出各工程项目对各种材料的需要量，然后累计汇总。

计算与汇总可在《规定》的主要材料量汇总表上进行，表格形式见表 4-16。

现以例 4-6 的主要材料量为例说明计算步骤：

(1)计算柴油量。柴油量为水力冲填淤地坝施工的机械所用，其计算式为：

柴油量＝水力冲填淤地坝工程量×∑单位工程量所需机械台时数×每台时的定额用量

用Excel计算时，激活G4单元格，输入“＝分部概算！$D$6/100*(单价！$D$9*机械价！$F$4+单价！$D$10*机械价$F$5)/1 000”，确认后，在G4单元格即显示出柴油量。

表4-16　主要材料量汇总表

G4 = 46.21

	A	B	C	D	E	F	G	H	I	J
1	主要材料汇总表									
2 3	序号	工程项目	水泥(t)	钢筋(t)	木材(m^3)	炸药(kg)	柴油(t)	刺槐树苗(株)	沙打旺草籽(kg)	化肥(kg)
4	1	水力冲填淤地坝					46.21			
5	2	撒播沙打旺							28933	
6	3	补植刺槐树苗						324000		
7	4	总计						324000	28933	

独立费用 / 价差费 / 分部概算 / 分年度投资 / 材料汇总

(2)计算沙打旺草籽量与刺槐树苗量。由工程量与概算定额计算材料量，计算式为：

主要材料量＝该工程项目的工程量×该材料的定额用量

用Excel计算沙打旺草籽量时，激活I5单元格，输入“＝分部概算！$D$10*单价！$D$23”，确认后，沙打旺草籽量即显示出。也可直接由分部工程概算表调入。激活I5单元格，输入＝号，鼠标指针点击工作表标签中的“分部概算”，当前界面显示出分部工程概算表，用鼠标点击D11单元格，确认(按Enter键)，主要材料量汇总表自动返回，沙打旺草籽量即被调入。

同法，可以计算出或调入H6单元格的刺槐树苗量。

(3)汇总。用SUM函数求出合计。

4.6 概算文件

《规定》水土保持生态建设工程的概算文件包括编制说明、概算表和附件三部分。

4.6.1 编制说明

编制说明包括以下内容:

4.6.1.1 工程概况

工程所属水系、地点、范围、治理的主要措施和工程量、材料用量、施工总工期、总工时、工程总投资、资金来源和投资比例等。

4.6.1.2 编制依据

(1)设计概算编制的原则和依据。

(2)人工、主要材料、施工用水、电、风、燃油、砂石料、苗木、草、种子等预算价格的计算依据。

(3)主要设备价格的计算依据。

(4)费用计算标准及依据。

(5)征地及淹没处理补偿费的简要说明。

4.6.2 概算表

概算表包括以下内容:

(1)总概算表。

(2)分部工程概算表。

(3)独立费用计算表。

(4)分年度投资表。

(5)单价汇总表。

(6)主要材料、苗木、草、种子预算价格汇总表。

(7)施工机械台时费汇总表。

(8)主要材料量汇总表。

(9)设备、仪器及工具购置表。

4.6.3 附件

(1)单价分析表。

(2)水、电、风、砂石料单价计算书。

(3)主要材料、苗木、草、种子预算价格计算书。

《规定》概算表及附件可以根据工程实际情况取舍,但不能合并。

【练习题 4-8】 某十类地区水土保持生态建设工程包括以下项目:

(1)推土机修筑土坎水平梯田 289hm^2(土类级别Ⅲ,地面坡度 13°,田面宽度 17m);

(2)水平犁沟整地,土类为Ⅱ类,间距为 5m;穴播造林,株距×行距为 2m×2m,总面积为 462hm^2;

(3)飞播种草 6 000hm^2。

材料预算价格:柴油 3 600 元/t;草籽 12 元/kg;树籽 75 元/kg。

用 Excel 作总概算,所用定额如附表 4-1、附表 4-2、附表 4-3、附表 4-4、附表 4-5 所示。

附表 4-1 推土机修筑土坎水平梯田概算定额

工作内容:定线、清基、筑坎、保留表土、修平田面、表土还原等。

地面坡度 10°~15° 单位:hm^2

项目	单位	土类级别		
		Ⅲ		
		田面宽度(m)		
		11	15	每增加 2m
人工	工时	4 737	5 356	310
零星材料费	%	3	3	
推土机 74kW	台时	47	64	9
定额编号		09372	09373	09374

附表 4-2　水平犁沟整地人力施工

工作内容:人工上下翻土、打隔挡。

单位:hm^2

项目	单位	Ⅰ～Ⅱ类土	间距每增加 1m
人工	工时	257	－3
零星材料费	%	2	
定额编号		08034	08037

注:基准间距为 3m。

附表 4-3　直播造林(穴播)

工作内容:种子处理、人工挖穴、播种、覆土、踩实。

单位:hm^2

项目	单位	株距 2m×行距 2m
人工	工时	80
树籽	kg	10～150
其他材料费	%	4
定额编号		08078

附表 4-4　飞机播种林、草

工作内容:地面查勘、种子调运、种子处理、地面导航、飞播现场清理。

单位:$100hm^2$

项目	单位	飞机播种林、草
人工	工时	120
飞机	元	3 400
树籽、草籽	kg	800～2 500
其他材料费	%	10
定额编号		08107

附表 4-5　推土机 74kW 台时费定额

项目	单位	推土机 74kW
折旧费	元	19.00
修理及替换设备费	元	22.81
安装及拆卸费	元	0.86
小　计	元	42.67
人工	工时	2.4
柴油	kg	10.6
定额编号		1031

5　估算、预算编制简述

编制概算的电算方法，也可用于编制投资估算、施工图预算、招标标底、投标报价和施工预算。只要注意它们之间的不同之处即可。

5.1　投资估算

水土保持工程的投资估算与概算的组成内容、项目划分与费用构成基本相同（因设计深度不同，投资估算的组成内容、项目划分和费用构成可适当简化合并或调整）、基础单价、施工临时工程、独立费用的编制方法与标准、计算表格与概算相同。不同之处有：

（1）用概算定额计算的开发建设项目水土保持工程的工程措施、植物措施单价应乘以 1.10 的扩大系数；用概算定额计算的水土保持生态建设工程的工程措施、林草措施及封育治理措施单价应乘以 1.05 的扩大系数。

（2）基本预备费费率为 6%（概算为 3%）。

5.2　施工图预算

施工图设计工作量大，不是一次全部出图，而是根据施工进度要求分次出图。施工图预算也是随图编制单项工程预算，最后汇总成总预算。其与概算不同之处有：

（1）概算用概算定额，施工图预算用预算定额。因此，施工图预算的项目划分要与预算定额相一致。单价计算方法与概算相同，只是要套用预算定额。水土保持工程尚无部颁的预算定额，可用当地省、自治区、直辖市水利部门颁布的预算定额。

(2)施工图预算只作各项措施的预算,不再作独立费用。

5.3 标底与报价

标底是建设单位作的招标项目的预算,报价是投标单位作的投标项目的预算。标底与报价的深度相当于施工图预算,但只作招标项目的预算。

两者的项目划分与招标项目一致,而不是按概算的项目划分。标底采用部或省、自治区、直辖市颁布的预算定额。报价可参照部或省、自治区、直辖市颁布的预算定额,也可用自己的预算定额及费率。

5.4 施工预算

施工预算是施工单位用施工定额所作的工程预算。一般以单位工程为对象。

施工预算对开发建设项目水土保持工程只作直接费和人工、材料和机械消耗量,对水土保持生态建设工程只作基本直接费和人工、材料、机械消耗量,并且要作两算对比,即施工预算与施工图预算的直接费或基本直接费和人工、材料、机械消耗量对比。

现以水土保持生态建设工程水力冲填淤地坝为例作简要说明。因水土保持工程暂无预算定额,将概算定额降低5%作近似计算。施工定额是施工单位自己的定额。设人工预算单价、材料预算价格、电价两算相同。施工图预算与施工预算见表5-1和表5-2。

【例5-1】 已知水力冲填淤地坝工程量为199 865.0m^3,试对比施工图预算和施工预算。

表 5-1　施工图预算(基本直接费)

F3 = =D3*E3

	A	B	C	D	E	F
1	水力冲填淤地坝					单位：100m³
2	序号	名称及规格	单位	数量	单价(元)	合计(元)
3	1	人工费	工时	56.05	1.5	84.08
4	2	零星材料费	%	7		26.71
5	3	机械使用费	台时			297.46
6		推土机55 kW	台时	2.31	51.99	120.10
7		拖拉机55 kW	台时	0.50	38.70	19.35
8		陕西20型水枪	台时	3.71	3.65	13.54
9		多级离心水泵40 kW	台时	3.71	38.94	144.47
10	4	合计	元			408.25

施工图预算 / 施工预算 / 基本直接费对比

表 5-2　施工预算(基本直接费)

F10 = =F3+F4+F5

	A	B	C	D	E	F
1	水力冲填淤地坝					单位：100m³
2	序号	名称及规格	单位	数量	单价(元)	合计(元)
3	1	人工费	工时	51	1.5	76.50
4	2	零星材料费	%	7		25.13
5	3	机械使用费	台时			282.49
6		推土机55kW	台时	2.20	51.99	114.38
7		拖拉机55kW	台时	0.47	38.70	18.19
8		陕西20型水枪	台时	3.52	3.65	12.85
9		多级离心水泵40 kW	台时	3.52	38.94	137.07
10	4	合计	元			384.12

施工图预算 / 施工预算 / 基本直接费对比

解:作两算对比如下:

(1)基本直接费对比:见表 5-3。

表 5-3　两算基本直接费对比表

D3	=199865/100*施工图预算!$F$3/10000					
两算基本直接费对比						
序号	项目	单位	施工图预算	施工预算	差额	差额(%)
1	人工费	万元	16.80	15.29	1.51	8.99
2	材料费	万元	5.34	5.03	0.31	5.81
3	机械费	万元	59.45	56.46	2.99	5.03
4	基本直接费	万元	81.59	76.77	4.82	5.91

施工图预算 / 施工预算 / 基本直接费对比 / 工、料

用 Excel 计算步骤:

①计算 D、E 两列数据。激活 D3 单元格,输入"=199 865/100 * 施工图预算! $F$3/10 000",确认,D3 单元即显示出施工图预算的人工费。同法可求出施工图预算的材料费、机械费、基本直接费。激活 E3 单元格,输入"=199 865/100 * 施工预算! $F$3/10 000",确认,E3 单元格即显示出施工预算的人工费。同法可求出施工预算的材料费、机械费、基本直接费。

②计算施工图预算与施工预算的差额。激活 F3 单元格,输入"=D3-E3",确认,F3 单元格即显示出两算差额。

③计算差额占施工图预算的百分数。激活 G3 单元格,输入"=F3/D3 * 100",确认,G3 单元格即显示出差额的百分数。

(2)工、料、机对比见表 5-4。

用 Excel 计算步骤:

①计算 D、E 两列数据。激活 D3 单元格,输入"=199 865/100 * 施工图预算! $D$3",确认,D3 单元即显示出施工图预算的人工工时数。

表 5-4　两算工、料、机对比表

D3	=	=199865/100*施工图预算!$D$3				
A	B	C	D	E	F	G
两算基本直接费对比						
序号	项目	单位	施工图预算	施工预算	差额	差额(%)
1	人工	工时	112024	101931	10093	9.00
2	材料	万元	5.34	5.03	0.31	5.81
3	推土机55kW	台时	4617	4397	220	4.76
4	拖拉机55kW	台时	999	939	60	6.01
5	陕西20型水枪	台时	7415	7035	380	5.12
6	多级离心水泵40kW	台时	7415	7035	380	5.12

施工预算 / 基本直接费对比 / 工、料、机对比

同法可求出 D、E 两列其他单元格的数据。

②计算差额。激活 F3 单元格,输入"=D3-E3",确认,F3 单元格即显示出两算的人工工时差额。

同法可求出各机械的台时差额。

③计算差额的百分数。激活 G3 单元格,输入"=F3/D3*100",确认,G3 单元格即显示出两算人工工时差额的百分数。

【练习题 5-1】 用 Excel 计算表 5-4。

思考题:

1. 标底、报价与施工图预算有什么不同?

2. 施工预算中开发建设项目水土保持工程的直接费和水土保持生态建设工程的基本直接费如何计算?人工、材料、机械消耗量如何计算?

3. 进行两算对比有什么作用?

总复习思考题:

1. 在下列情况下,如何设计计算过程?

(1)计算施工机械台时费;(2)计算主要材料预算价格;

(3)计算价差预备费；　　(4)计算建设期融资利息。

2.输入计算式遇到下列情况如何处理？

(1)A1 * B1‰;(2)[(A1 + B1) * C1 + D1] * E1

3.从另一张工作表中,如何调入数据到当前工作表？

(1)单纯调入;(2)调入中将数据除以 10 000。

4.下列情况下,如何运用 SUM 函数？

(1)A1 + C1 + D1 + E1 + F1;(2)F1 + F2 + F3 + F4 + F6。

5.在下列情况下,能否用下拉方法？各用于什么情况？

已知：

D1 =

	A	B	C	D
1	2	3	6	
2	4	5	9	
3	6	7	13	

Sheet1 Sheet2

判断：

情况	名称框	编辑栏
一	D1	“=A1 * B1/100”
二	D1	“=A1 * (B1 - 1)”
三	D1	“=C1 * B2”
四	D1	“=A1 + B1 + C1”
五	D1	“=A1 * B1 * C1”
六	D1	“=A1 * B1 + C1”
七	D1	“=A1 + C1”
八	D1	“=B1 + Sheet1! $C$1”

参 考 文 献

1 中华人民共和国水利部.水土保持工程概(估)算编制规定.郑州:黄河水利出版社,2003

2 中华人民共和国水利部.水土保持工程概算定额.郑州:黄河水利出版社,2003

3 中华人民共和国水利部.水利工程设计概(估)算编制规定.郑州:黄河水利出版社,2002

4 李守义,马斌,寇效忠.工程造价.西安:陕西科学技术出版社,2001

5 国家发展计划委员会,建设部.工程勘察设计收费标准.北京:中国物价出版社,2002

6 黄河水利委员会.黄河水土保持生态工程设计概(估)算编制办法及费用标准(试行).2001

7 益佳创作室.Excel 2000 中文版自学教程.北京:清华大学出版社,2000

8 朱党生,董强,等.水土保持工程造价编制指南.郑州:黄河水利出版社,2003